これ1冊で最短合格

ディープラーニング G検定 ジェネラリスト

要点整理 テキスト&問題集

第2版

浅川伸一 監修
遠藤太一郎　西野剛平 技術校閲
山下長義　伊達貴徳　山本良太
横山慶一　松本敬裕　杉原洋輔 著

秀和システム

はじめに

　近年、人工知能は非常に高い注目を浴びています。その理由の1つにディープラーニングがあります。ディープラーニングは、世界中の大学や企業で盛んに研究されており、従来の手法を大きく上回る結果をあげていることが報告されています。その結果、画像認識、音声認識、自然言語処理などの分野で様々なサービスが実用化されています。

　このような状況で、ディープラーニングについて研究者やエンジニアではないビジネスパーソンの方々にも知識が求められるようになりつつあります。AI人材は、2030年に12.4万人不足すると経済産業省が推計していて、今後も長期にわたって必要とされることが予想されます。

　そこで誕生した資格がディープラーニングG検定（ジェネラリスト検定）です。G検定は、ディープラーニングの基礎知識を有し、事業に応用する能力を持つ人材の育成を目指しています。G検定で出題される内容について理解していれば、ディープラーニングの特徴を活かした事業計画の立案、データサイエンティストやエンジニアとのスムーズなコミュニケーションによる効率的な導入が期待できます。G検定は、人工知能に関する資格の中で、大きな注目を集めている資格の1つです。

　本書は、合格に必要な知識の習得と問題対策を一冊にまとめたG検定の参考書です。簡潔な紙面レイアウト、数式をなるべく使わずにわかりやすい文章や図による説明を心がけました。ディープラーニングをビジネスで活用したいと考えている方は、ぜひ本書を手にとって学びをスタートさせてください。

　本書は第2版あたり、G検定のシラバスの改訂に伴って追加されたキーワードを加えることによって、ご好評をいただいた第1版の内容を生かしながら、最新のG検定に対応しました。

　最後に、監修していただいた東京女子大学 情報処理センターの浅川伸一先生、執筆にご協力いただいたすべての方々に心より感謝いたします。

2022年　10月

山下長義、伊達貴徳、山本良太、横山慶一、松本敬裕、杉原洋輔

試験について（試験概要）

　本書は、G検定 ジェネラリスト向けの学習書です。ジェネラリストの試験は、ディープラーニングを事業に活用するための知識をもっているかを検定するものです。G検定 ジェネラリストは、協会のホームページでは、次のように定義されています。

　「ディープラーニングの基礎知識を有し、適切な活用方針を決定して事業に応用する能力を持つ人材」

一般社団法人　日本ディープラーニング協会ホームページ

https://www.jdla.org

試験概要（JDLA Deep Learning for GENERAL）

試験実施時期	：3月と7月と11月の年3回実施（2022年）
受験資格	：制限はありません。
試験時間	：120分
受験方法	：インターネットを通してのオンライン試験（自宅受験）
出題形式	：小問が220問の知識問題（多肢選択式）
出題範囲	：一般社団法人　ディープラーニング協会の定めるシラバスより出題されます。 ※学習のシラバス （https://www.jdla.org/download/g-syllabus_2021）
受験料	：一般 12,000円＋税、学生 5,000円＋税
申込先	：インターネットのG検定受験サイトから申し込みをします（URLは変更される場合があります）。支払方法は、クレジットカード決済、またはコンビニ決済です。 ※受験サイト（https://www.jdla-exam.org/d/）

学習のシラバス

以下に、一般社団法人ディープラーニング協会　学習のシラバスを掲示します（2022年8月現在）。

※学習のシラバスの内容は変更される場合があります。

大項目	中項目
人工知能とは	人工知能の定義
	人工知能研究の歴史
人工知能をめぐる動向	探索・推論
	知識表現
	機械学習・深層学習
人工知能分野の問題	人工知能分野の問題
機械学習の具体的手法	教師あり学習
	教師なし学習
	強化学習
	モデルの評価
ディープラーニングの概要	ニューラルネットワークとディープラーニング
	ディープラーニングのアプローチ
	ディープラーニングを実現するには
	活性化関数
	学習の最適化
	更なるテクニック
ディープラーニングの手法	畳み込みニューラルネットワーク (CNN)
	深層生成モデル
	画像認識分野
	音声処理と自然言語処理分野
	深層強化学習分野
	モデルの解釈性とその対応
	モデルの軽量化
ディープラーニングの社会実装に向けて	AIと社会
	AIプロジェクトの進め方
	データの収集
	データの加工・分析・学習
	実装・運用・評価
	クライシス・マネジメント
数理・統計	数理・統計

出典：JDLA_Gシラバス_20210709.pdfより

合格のための攻略法

試験前の対策

(1) 試験概要の把握

　JDLA Deep Learning for GENERAL試験は約220問が出題され、出題範囲も人工知能のアルゴリズムから活用事例まで多岐にわたります。まずはどのような範囲が出題されるのか、JDLAが公表しているシラバスと本書で出題範囲の概要を理解しましょう。なお、資格試験として珍しく、オンラインで受験できるため、どこにいても受験できる試験です。

(2) 解答方法の理解

　試験問題は、解答を1つ選択する多肢択一方式です。解答をラジオボタンで選択するため、2つ選択しようとしても選択できないようになっています。1つだけ解答すればいいということを理解しておきましょう。

　虫食い問題は、それぞれの虫食い個所が別の問題として出題されます。そのため、同じ問題が複数出ていると誤解せず、問われている誤った解答を確認し、誤って同じ解答を選択しないようにしましょう。

　例) 問1と問2で問題文は同一であるが、問1では問題文の誤った個所の (ア) を答えさせる問題であり、問2では (イ) を答えさせるような問題が出題されます。

　「不適切な選択肢」や、「関係の無い選択肢」を選ばせる問題も出題されます。誤って、適切な選択肢を選択しないよう、問題文をよく読んで解答しましょう。

(3) 優先的な学習

　学習時間の確保があまりできない場合、前半のAIの歴史やアルゴリズムは不変の概念であるため、優先的に学習しましょう。特に、微分や行列などの計算問

題は、計算方法がわからないと解けないため、事前に計算に慣れておきましょう。また、本問題集の「重要度」を参考に、重要度の高いテーマから優先的に学習しましょう。

(4) 最新情報の確認

AIやディープラーニングに関する技術や制度はめまぐるしく変化しています。AIやディープラーニングに関するニュースを日ごろからスマートフォンなどで確認できるよう、IT関連のニュースサイトなどに登録しておくことをお勧めします。

(5) 環境確認

試験前に動作環境の確認のためにサンプル問題を解くことができます。動作確認と併せて、試験の画面の構成と操作に慣れておきましょう。

(6) 時間配分の確認

試験開始後、残り時間が表示されます。残り何分までに何問目まで解答しておけばいいか、事前にメモに書いておきましょう。例として、「残り90分で60問解答済み」、「残り60分で120問解答済み」などです。試験の残り時間に余裕があるか確認できます。

(7) 試験時間の有効活用

試験開始後は試験時間を止められません。また、問題数が230問程度と多くあるため、解答時間に余裕がない状況です。お手洗いや食事などは事前に済ませ、120分間、試験に集中できる環境にしましょう。パソコンの電源やネットワークが切れず、雑音もなく集中できる自宅などの環境で受験しましょう。

(8) 紙とペンの準備

試験は計算問題もあります。手計算できるよう、紙とペンの準備をしておきましょう。

(9) 最終確認

　本問題集やJDLAの推薦書など参考になる資料は試験中閲覧できるよう手元に置いておきましょう。電子書籍の場合もすぐに閲覧できるよう準備をしておくことが望ましいです。試験中に必要な情報をすぐに確認できるよう、どのページにどのようなトピックが記載されていたかは事前に整理しておきましょう。

試験中の対策

(1) 試験時間内の回答

　JLDA試験は約220問で120分という時間配分です。1問あたり約30秒しか時間がありません。10秒程度考えてわからない問題は問題集や公知情報を手がかりに解答しましょう。また、解答画面で問題にフラグを付ける機能があるため、暫定の解答を選択し、あとで確認することも検討しましょう。

(2) 問題文の熟読

　問題によっては間違えを選択させる形の問題も出題されます。問題文をよく読んで解答しましょう。

(3) 問題集の検索

　解答に自信がない場合は、問題中のキーワードを問題集の索引から検索し、解答のヒントを得ましょう。電子版であれば、検索はなお効率的になります。

(4) 公知情報の検索

　問題集などでもカバーされていない最新の技術や制度の問題などで解答に自信のない問題はインターネットを使って素早く検索しましょう。Googleなどの検索エンジンで検索すると、検索し該当したページの概要が表示されるため、検索にヒットしたサイトを1つずつ開かなくてもキーワードの概要を確認できます。サイトのページを開く際も、新しいタブ（Ctrlボタンを押しながらクリック）

で開いて表示することで、素早く複数のサイトの内容を確認できます。

　また、複数のキーワードで検索することで、より精緻な検索が可能となります。ヒットした検索件数からキーワードの関連性の高さを比較できます。解答に悩んだ際はキーワードの関連性の高さと自身の知識を勘案し解答を選択しましょう。なお、検索する際はキーワードを""でくくることで、完全一致の検索ができ、より精緻な検索が可能となります。

G検定ジェネラリスト合格への効率学習ロードマップ

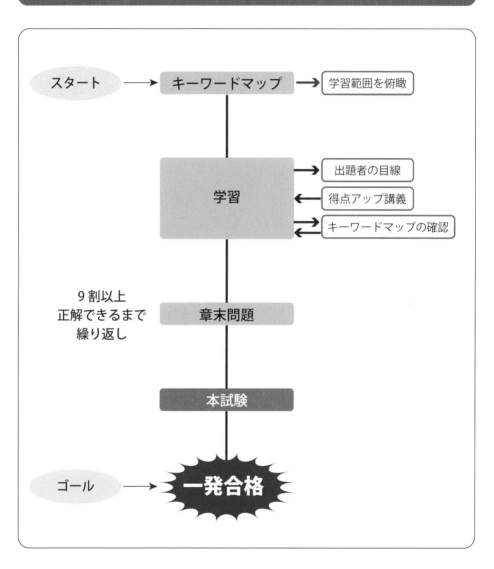

本書の 5 つの工夫!

本書は、G検定 ジェネラリストに最短で合格できるよう、下記のような紙面構成と様々な工夫を盛り込んでいます。これらの特徴を生かし、ぜひ確実に合格の栄誉を勝ち取ってください。

ポイント その1
学習のアドバイスで要点が把握できる!

最初に、学習のアドバイスがあり、学習内容の概略、学習上の要点が説明されているから、スムーズにTheme学習に取り組むことができる。

ポイント その2
学習効果が高まるキーワードマップ!

出題される重要ワードの関連性とThemeの全体像が一目でわかり、ポイント1の予習効果と相まって、学習効果を高めている。

ポイント その3
出題の意図や傾向がわかる!

過去の出題傾向を分析し、出題者側の観点から問題を解くカギをわかりやすく解説。どこにポイントを置いて学習すればいいのか、効率よく学習することができる。

ポイント その4
章末問題で応用力が身につく!

章末の問題で、各章で学習した知識の定着を図る。出題頻度の高い問題を多く掲載。章末問題を解くことで、応用力が身につく。

Theme

1 ディープラーニングの特徴

重要度：★☆☆

ニューラルネットワークは、複雑な関数を近似できるようになり、内部表現を抽出できるようになりました。その結果、ニューラルネットワークは特徴量の設計とその後の処理をまとめて自動的に行うことができるというエンドツーエンド学習ができるようになりました。

Navigation

要点をつかめ!

ADVICE!
学習アドバイス
ニューラルネットワークが、これまでの手法と比べて、どのような点が良くなったのか、またどのような点が劣っているのか、しっかり理解しましょう。

キーワードマップ

● ニューラルネットワークの特徴

— 複雑な関数を近似

— 内部表現

— エンドツーエンド学習

出題者の目線
● ニューラルネットワークは、これまでの手法と何が違うのか、キーワードと共にしっかり理解しましょう。

Answer

答え合わせ

問1　正解：(ア) B、(イ) C

解説

A　分類統計学は、データを複数のクラス（ ）
します。

B　記述統計学は、手元にあるデータの特徴を

C　推計統計学は、データの背景にある母集
(イ) の答えになります。

D　推論統計学は、一般的に使われる言葉で

問2　正解：C

解説

平均点65点から前後17.8点（標準偏差）の間に

問3　正解：A

解説

A　○　右上がりのグラフが正の相関のため、答

B　×　左下がりのグラフは、負の相関です。

C　×　強い相関がないグラフです。

Question

問題を解いてみよう

問1　統計学とは、データから何かしらの特徴を見つけ、知見を得るための学問である。統計学は大きく2つに分類され、手元のデータから傾向や特徴を得る学問を (ア) という。一方、標本となるデータから母集団の性質を明らかにする学問を (イ) という。

(ア)、(イ) に入る言葉は以下のどれか。

A　分類統計学
C　推計統計学
B　記述統計学
D　推論統計学

問2　ある学校で英語と数学のテストをしたところ、図の結果となった。この結果からいえることは何か。
なお、生徒数は十分に多く、正規分布に従っているものとする。

	英語	数学
	70	65
	66.7	316.7
	8.2	17.8

58.5点から72.9点の間に全体の約68%が存在する
58.5点から72.9点の間に全体の約95%が存在する
47.2点から82.8点の間に全体の約68%が存在する
47.2点から82.8点の間に全体の約95%が存在する

65

Theme 1　ディープラーニングの特徴

Lecture

詳しく見てみよう

1　ニューラルネットワークとは

　ニューラルネットワークは、機械学習の手法の1つとみなすことがあります。人間の脳神経回路を模したニューラルネットワークを多層的にすることによって複雑な関数を近似できるようになり、コンピューター自身がデータに含まれる特徴を捉えられるようになりました。このようなことから、これまでの手法よりも大幅に性能が向上しました。その結果、現在では画像処理、音声認識や自然言語処理などの分野で実用化されています。このような多層化したニューラルネットワークは、ディープラーニングと呼ばれています。

　これまでの機械学習の手法の多くは、特徴量を事前に設計しなければならなかったのですが、ニューラルネットワークでは、学習によって特徴量を得ることができるようになりました。このように、ニューラルネットワークの学習によって、観測データから本質的な情報を抽出した特徴のことを**内部表現**といいます。その結果、ニューラルネットワークは特徴量の設計とその後の処理をまとめて自動的に行うことができるという**エンドツーエンド学習**ができるようになりました。一方で、ニューラルネットワークには、他の手法と比べて、学習が必要なパラメータの数が多く、計算量が多くなるという問題があります。また、結果の根拠を説明することが難しく、学習にこれまで以上のデータが必要であるという特徴があります。

得点アップ講義　　　　　　　　　＼POINT UP!／

ニューラルネットワークの特徴を、以後のページで紹介する詳細な内容と繋げて考えられるようにすると得点アップが期待できます。

157

ポイント その 5

得点アップ講義で、特有のひっかけ問題にも対処！

試験では、随所にひっかけ問題が見られ、そのため得点が上がらない。そこで、本書では得点アップ講義を設け、ひっかけ問題の注意点とともに、その対処法をわかりやすくアドバイス。

はじめに……………………………………2
試験について（試験概要）……………3
合格のための攻略法……………………5
G検定ジェネラリスト合格への
　効率学習ロードマップ　…………9
本書の5つの工夫！…………………10

第1章　人工知能（AI）をめぐる歴史と動向

Theme 1　人工知能（AI）とは（人工知能の定義）……………16
Theme 2　人工知能をめぐる動向……………………………20
Theme 3　人工知能分野の問題………………………………27
問題を解いてみよう……………………………………………31
答え合わせ………………………………………………………36

第2章　数学的基礎

Theme 1　確率統計……………………………………………42
Theme 2　情報理論……………………………………………51
Theme 3　行列・線形代数……………………………………55
Theme 4　基礎解析……………………………………………62
問題を解いてみよう……………………………………………65
答え合わせ………………………………………………………72

第3章　機械学習

Theme 1　機械学習の基礎……………………………………78
Theme 2　教師あり学習………………………………………82
Theme 3　教師なし学習………………………………………93
Theme 4　強化学習……………………………………………99
問題を解いてみよう……………………………………………108
答え合わせ………………………………………………………119

第4章　機械学習の実装

Theme 1　実装の全体像・事前準備…………………………130
Theme 2　前処理………………………………………………133
Theme 3　モデルの学習………………………………………136

Theme 4　モデルの評価 ……………………………………………………… 141
問題を解いてみよう ………………………………………………………… 147
答え合わせ …………………………………………………………………… 152

第5章　ディープラーニングの概要

Theme 1　ディープラーニングの特徴 ……………………………………… 156
Theme 2　多層パーセプトロン ……………………………………………… 158
Theme 3　確率的最急降下法 ………………………………………………… 163
Theme 4　ニューラルネットワークの歴史 ………………………………… 171
問題を解いてみよう ………………………………………………………… 175
答え合わせ …………………………………………………………………… 185

第6章　ディープラーニングの基本

Theme 1　畳み込みニューラルネットワーク ……………………………… 190
Theme 2　再帰型ニューラルネットワーク ………………………………… 197
Theme 3　自己符号化器（Autoencoder）…………………………………… 201
Theme 4　深層強化学習 ……………………………………………………… 205
Theme 5　その他の手法 ……………………………………………………… 208
問題を解いてみよう ………………………………………………………… 211
答え合わせ …………………………………………………………………… 222

第7章　ディープラーニングの研究分野

Theme 1　画像認識 …………………………………………………………… 228
Theme 2　自然言語処理 ……………………………………………………… 239
Theme 3　音声処理 …………………………………………………………… 249
Theme 4　強化学習 …………………………………………………………… 252
Theme 5　モデルの解釈性とその対応 ……………………………………… 257
問題を解いてみよう ………………………………………………………… 260
答え合わせ …………………………………………………………………… 273

第8章　ディープラーニングの産業展開

Theme 1　製造業 ………………………………………………………… 286
Theme 2　自動車産業 …………………………………………………… 289
Theme 3　インフラ・農業 ……………………………………………… 292
Theme 4　その他の事業 ………………………………………………… 294
Theme 5　産業展開に向けてのプロジェクトの進め方 ……………… 298
問題を解いてみよう …………………………………………………… 302
答え合わせ ……………………………………………………………… 311

第9章　ディープラーニングの制度政策などの動向

Theme 1　日本のAI原則・ガイドラインの全体像 …………………… 320
Theme 2　知的財産 ……………………………………………………… 323
Theme 3　AI・データに関する契約 ………………………………… 329
Theme 4　その他AI・データの利用に関する概念・ガイドラインなど ……… 331
問題を解いてみよう …………………………………………………… 338
答え合わせ ……………………………………………………………… 343

●引用文献/参考文献 …………………………………………………… 348

●あとがき ……………………………………………………………… 351

●索引 …………………………………………………………………… 352

第1章

人工知能（AI）をめぐる歴史と動向

人工知能（AI）とは
（人工知能の定義）

人工知能とはなにか？　その分類と発展の歴史
を理解します。

Navigation

要点をつかめ！

ADVICE!

学習アドバイス

明確な定義が定まっていない「人工知能」について、過去のAIブームとその収束を知ることで、それぞれの手法の技術的な特徴や、今なぜ機械学習や深層学習（ディープラーニング）が着目されているのかを理解しましょう。

キーワードマップ

人工知能（AI：Artificial Intelligence）

機械学習（ML：Machine Learning）

深層学習（DL：Deep Learning）

第1次AIブーム：推論や探索
第2次AIブーム：知識表現、エキスパートシステム
第3次AIブーム：機械学習と深層学習

出題者の目線

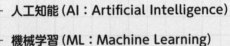

●各AIブームの特徴や、その後なぜブームが収束して「冬の時代」を迎えたかの理由がよく出題されます。失望に至った問題点を理解しておきましょう。

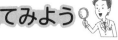

Lecture

詳しく見てみよう

1　人工知能とは

　ディープラーニングの基礎知識を学習する前段として、まずは人工知能とは何かという全体像を把握する必要があります。**人工知能**とは、認識・推論・判断など人間の脳内で行われている知的な処理をコンピュータ上のプログラム（情報処理システム）で実現しようとする研究分野ですが、そもそも「知能」自体の定義がないため専門家の間でも詳細な定義は定まっていません。ただし、ロボットの研究とは明確に異なることに注意が必要です。ロボットの脳は人工知能といえますが、検索エンジンや自動翻訳のような人工知能が情報の入力に対して出力を返す際には、必ずしも物理的なデバイスやボディを必要としません。

　また、人間特有の知能であると思っていたものが機械で実現された際に「単なる自動化であって知能ではない」と受け取る心理的な効果を**AI効果**と呼びます。明確な定義が無いからこそ研究領域に限界が無く、実用化例を多数生み出しながら、知能の実現に向けて常に新しい挑戦を続けていく研究分野なのです。

　一方で**機械学習**は、「明示的にプログラムしなくても学習する能力をコンピュータに与える研究分野（Field of study that gives computers the ability to learn without being explicitly programmed）」というアーサー・サミュエルの定義が有名です。深層学習（ディープラーニング）は、機械学習の中の1つの技術という位置付けになります。

2　レベル別分類

　人工知能を情報の入力に対して出力を変えるエージェント（プログラム）ととらえ、その入力と出力の関係性に着目することで、下記の4つに分類できます。

レベル1：シンプルな制御プログラム

　入力に応じてあらかじめ決められた出力を返すだけのプログラムで、制御工学やシステム工学と呼ばれる分野で長年培われてきた技術です。

レベル2：古典的な人工知能

　診断プログラムや掃除ロボットなど、入力と出力の組み合わせが多く、複雑な振る舞いをするものを指します。

レベル3：機械学習を取り入れた人工知能

　検索エンジンやレコメンドエンジンなど、**機械学習**によってビッグデータから入力と出力のルールやパターンを自動的に学習するものを指します。

レベル4：深層学習（ディープラーニング）を取り入れた人工知能

　画像認識・音声認識・自動翻訳など、**深層学習（ディープラーニング）**技術を活用することで、特徴量（データ中の重要な変数）を自動的に学習するものを指します。

3 人工知能研究の歴史

　人工知能研究は過去にブームとその収束を繰り返して来た歴史があり、長い紆余曲折を経てようやく花が開こうとしている分野だといえます。現在は人工知能やAIといったキーワードが身近に使われており空前のブームといえますが、同じ過ちを繰り返さないためにも、過去のブームにおける注力研究分野と、なぜそのブームが失望に変わってしまったのかという問題点を理解する必要があります。

(1) 第1次AIブーム：推論や探索の時代（1950年代後半〜1960年代）

・**特徴**：世界初の汎用電子式コンピュータとされている**エニアック（ENIAC）**が開発されたのは1946年です。真空管を17,000本以上も使用した巨大な電子式の自動計算機で、人間の手計算と比較して圧倒的な計算力を実現していました。その後、汎用コンピュータの計算力を活用して**探索木**など「推論」や「探索」の研究が進み、特定の問題を解くことができるようになり着目されました。**ダートマス会議**は人工知能 (Artificial Intelligence) という言葉が初めて登場して学術研究分野を確立した会議で、ENIACの開発からちょうど10年後の1956年にジョン・マッカーシーが開催しました。会議ではコンピュータに関する当時最新の研究成果が発表され、アレン・ニューウェルとハーバート・サイモンにより、世界初の人工知能プログラムといわれる**ロジック・セオリスト**という、数学の定理を自動的に証明するプログラムのデモンストレーションが行われました。

・**問題点**：当時の人工知能は迷路やパズルなど非常に限定された問題（トイプロブレム）は解ける一方で、現実世界に存在するもっと複雑な問題が解けないことが明らかとなったため、期待が失望に変わってブームが収束しました。

(2) 第2次AIブーム：知識の時代（1980年代）

・**特徴**：知識をコンピュータで処理しやすい形でいかに表現するかという知識表現の研究が進められ、専門家の「知識」をコンピュータに与えることでその分野の

専門家のように判断のできる**エキスパートシステム**が開発され、幾つかの分野で実用化されて多くの企業が活用しました。

・**問題点**：専門家から高度な知識をヒアリングするのに多大なコストがかかる上に、人間なら誰でも知っている「常識」や曖昧な表現など、広い範囲の知識を蓄積・管理するのがあまりに膨大で困難な作業だということが明らかとなったため、再びブームが失望へと変わりました。

(3) 第3次AIブーム：機械学習・深層学習の時代（2010年以降）

・**特徴**：インターネットの普及に伴うビッグデータの拡大と、「ムーアの法則」に代表されるコンピュータの演算処理能力の向上により、大量のデータの中からルールやパターンをプログラム自身が学習する**機械学習**が実用化されました。さらに、**特徴量**（データ中の重要な変数）を自ら習得する**深層学習（ディープラーニング）**の登場によって、特に画像認識や音声認識などの分野で目覚ましい成果を残しています。深層学習は**特徴表現学習**とも呼ばれ、「入力されたデータのどの特徴に注目すべきか」を人間が指定せずともコンピュータが自動で見つけ出せるという点が、これまでの手法とは大きく異なるブレークスルーとなっています。

・**今後**：深層学習は特徴表現を自動で発見することができるため人為的なボトルネックが発生せず、大量のデータさえあればどんどん新しい知識を獲得し続けることができ、非常に高度な人工知能が開発できるのではないかと大きく期待されています。複数のセンサーデータを組み合わせたマルチモーダルなAIや、行動に対する挙動を学習して外界との関係性を学習できるAI、言語を読んで抽象的な理解ができるAIなどが実現することで、これらの汎用的な人工知能が人間よりも遥かに大量のデータを処理して瞬時に正確な判断をすることができるようになるはずです。一方で、過度な期待は禁物だと警鐘を鳴らす意見もあります。限定された範囲では人間を超える処理ができる一方で、幅広い範囲の問題に対して汎用的な判断ができる人工知能の実現はまだまだ難しいとする考え方です。どちらの未来が訪れることになるのか現時点ではわかりませんが、我々には将来における実現可能性の上限と下限を正しく理解し、過度な期待も失望もすることなく、適切に人工知能技術を活用していくという姿勢が求められています。

得点アップ講義

\POINT UP!/

用語の定義も出題されますので「人工知能」「機械学習」「深層学習（ディープラーニング）」の違いをしっかりと理解しましょう。

2

重要度：★☆☆

人工知能をめぐる動向

人工知能研究の技術的な発展について、それぞれの研究内容を理解します。

Navigation **要点をつかめ！**

学習アドバイス

ADVICE!

前節で学習した人工知能研究の歴史について、それぞれの技術的な特徴を理解しましょう。よく出題される代表的な技術要素や事例を通して、それらの違いを押さえておきましょう。

キーワードマップ

● 探索と推論
　├─ 探索木
　└─ ブルートフォース

● 知識表現
　├─ 対話システム (ELIZA)
　├─ エキスパートシステム
　└─ 意味ネットワーク
　　 (Cyc プロジェクト)

● 機械学習
　├─ レコメンデーション
　│　エンジン
　├─ スパムフィルター
　└─ 統計的自然言語処理

● 深層学習
　├─ ディープニューラルネットワーク
　├─ 特徴量を自動で学習
　└─ ILSVRC、AlexNet、ResNet

出題者の目線

● アルゴリズム名や具体的なプログラム名・プロジェクト名についても、よく出題されます。ELIZA（イライザ）やCyc プロジェクトなど、頻出単語について理解しておきましょう。

Lecture　詳しく見てみよう

1　探索と推論

　第1次AIブームにおいて中心的な役割を果たしたのが推論や探索の研究です。思考過程や行動パターンを記号で表現することでコンピュータにも人間と同様の処理をさせようとする手法で、探索木やプランニングが代表例です。

(1) 探索木とプランニング

　探索木は、コンピュータが処理できるように場合分けのパターンを分岐で表現したものです。探索の方法は主に、出発点から同じ階層をしらみ潰しに当たってから次の階層に進む**幅優先探索**と、掘り下げていって行き止まると1つ戻って次の枝葉に移る**深さ優先探索**の2つがあります。幅優先探索は出発点から近い順に探索するため最短距離の解が必ず見つかりますが、途中のノードを全部記憶しておかなければならないため、メモリ（記憶量）の消費が膨大になる欠点があります。一方で、深さ優先探索は複数の探索ルート（複数の解）がある問題においては必ずしも最短の解が最初に見つかるわけではありませんが、メモリをあまり必要としません。それぞれ一長一短があるため、両者の良い点を組み合わせた手法や特殊な問題を特別に早く解く方法などが研究されています。探索木を用いて、迷路や「ハノイの塔」と呼ばれるパズルも解くことができます。

　また、ある状態に対してロボットがどのように行動すべきかを記述することで、探索を利用して行動計画を作成するのが**プランニング**と呼ばれる技術です。＜前提条件（プリコンディション）＞に対して＜行動＞＜結果（ポストコンディション）＞という3つの組み合わせで記述する**STRIPS（Stanford Research Institute Problem Solver）**が有名です。また、こうしたプランニングを「積み木の世界」で実現したのが**SHRDLU**というシステムで、英語による指示を受け付けてコンピュータ画面内の様々な積み木を正しく動かすことができ、人工知能の大きな成功といわれました。

(2) ボードゲームで人間に勝利

　オセロ・チェス・将棋・囲碁などのボードゲームも探索を使って解くこともできますが、迷路やパズルとは異なり、対戦相手の指し手も含めて探索する必要があるため、組み合わせが膨大になるという問題があります。しらみつぶしに探索するコストを回避するため、探索を効率化することに有効で経験的な知識である**ヒューリスティックな知識**の利用も重要となります。

　プレイヤーAとプレイヤーBの2人が交互に次の手を打っていくゲームにおいて、

盤面がプレイヤーAにとって有利であるほどスコアが高くなる評価関数を用意し、プレイヤーAが指すときにはスコアが最大になる手を、プレイヤーBが指すときにはスコアが最小になる手を指す、という考え方でゲーム戦略を立てるのが**Min-Max法**です。また、最大もしくは最小のスコアを選択する過程で不要なノードを探索対象から外すことで探索量をできるだけ減らす手法を**α β法**といいます。さらに、ある局面以降は人為的なスコア計算を放棄してランダムに指し続けて終局（プレイアウト）した場合の勝率をシミュレーションする**モンテカルロ法**によるスコア評価も効果を発揮しました。すべての状態を網羅的に計算する探索法は**ブルートフォース（力任せ）**と呼ばれます。

　チェスではIBMの開発した**ディープブルー（Deep Blue）**が1997年に当時の世界チャンピオンであるカスパロフに勝利し、将棋でも2013年の電王戦においてponanzaというソフトが現役プロ棋士に勝利しました。その後、さらなる盤面の組み合わせが膨大になる囲碁では、人工知能が人間に勝利するのはまだ先になるだろうと考えられていましたが、Googleに買収された**DeepMind**の開発した**AlphaGo**が2015年に初めてプロ棋士を破りました。AlphaGoは探索だけでなくDeep Learningを活用している点が特徴です。2017年には過去の人間の棋譜データを使用せずに自分自身との対戦のみでゼロから学習を進める**AlphaGo Zero**と、そのアルゴリズムをチェスや将棋も含めて汎用化した**Alpha Zero**が相次いで登場し、短期間の学習でAlphaGoを超える強さを達成したと話題となりました。基本原理が探索であることは昔から変わらないのですが、ブルートフォース（力任せ）ではなく深層学習（ディープラーニング）の技術を組み合わせたことにより、人間（プロ）を上回る強さを実現したのです。

2 知識表現

　第2次AIブームにおいて中心となったのが、知識をコンピュータで処理しやすい形でいかに表現するかという知識表現の研究です。トイ・プロブレムしか解けないという第1次AIブームの問題点に対して、知識そのものをコンピュータに与えることで現実の問題を解けるようにできると考えたのです。入力と出力をテキストでやり取りする対話システムの仕組みを活用したエキスパートシステムが登場し、その後のワトソンや東ロボくんの開発に繋がりました。

(1) 対話システム

　1964年に開発された**ELIZA（イライザ）**は、単純なルールでテキストデータをやり取りするだけのシステムでしたが、あたかも「対話」しているように見えるため人気が出ました。Twitterのbot（ボット）も仕組みはほぼ同じで『人工無脳』と呼ば

れています。コンピュータの機械的な動作とわかっていても人間と対話しているような錯覚を**イライザ効果**といいます。

(2) エキスパートシステム

　エキスパートシステムとは、特定の専門分野の知識を取り込むことで、あたかも専門家のようにふるまう対話システムを指します。**マイシン（MYCIN）**は1970年代にスタンフォード大学で開発された血液疾患の診断支援をするプログラムで、質問に答えていくと事前に用意された500のルールの中から感染した細菌を特定して対応する抗生物質を処方することができました。また、1960年代に開発された未知の有機化合物を特定する**DENDRAL**も有名です。そのほか、生産・会計・人事・金融など様々な分野で多くのエキスパートシステムが開発され、1980年代には多くの米国企業で使用されていました。

　一方で、専門家から知識をヒアリングして蓄積・管理するのに多大なコストがかかり、さらに「常識」などの広い範囲の知識を蓄積・管理するのがあまりに膨大であり困難だということが課題となりました。暗黙的な知識をうまくヒアリングするために、**インタビューシステム**の研究も進められました。

(3) 意味ネットワーク

　知識をいかに表現するかという研究の1つが**意味ネットワーク（Semantic Network)**です。人間が意味を理解するときの構造を表すため、概念をノードで表し、概念間の関係をリンクで結んだネットワークとして表現します。

　概念間の関係のうち、**is-a（である）の関係**は上位下位の関係を示し、「人間は哺乳類である」「哺乳類は動物である」といったカテゴリの継承関係を表現します。**part-of（一部である）の関係**は全体と部分の関係を示し、「目は頭部の一部である」「足は脚部の一部である」という属性を表現します。**has-a（含まれる）の関係**はpart-ofの関係を逆にしたもので、「頭部には目が含まれる」「脚部には足が含まれる」という表現になります。このとき、AとB、BとCに関係が成り立つときに、AとCにも自動的に関係が成り立つというのが**推移律**です。「is-aの関係」は下位概念が上位概念の属性をすべて引き継ぐため推移律が成立しますが、「part-ofの関係」「has-aの関係」はいろいろな種類の関係があるため、推移律が成立するものと成立しないものがあります。

　人間の持つすべての一般常識を入力しようという野心的な取り組みの**Cyc（サイク）プロジェクト**は、30年経っても続いていて、現代のバベルの塔とも呼ばれています。知識を正しく記述するオントロジー研究のうち、コンピュータにデータを読み込ませて自動で概念間の関係性を見つけようとするライトウェイト・オントロジーは、Webデータを解析して知識を取り出す**ウェブマイニング**や、ビッグデータを分

析して有用な知識を取り出す**データマイニング**で活用されています。こうしたオントロジー研究は、Web上のデータに意味づけすることでコンピュータに高度な意味処理をさせようとする**セマンティック・Web**技術につながっています。

(4) IBM　ワトソン (Watson)

コンピュータにデータを読み込ませて自動で概念間の関係性を見つける「ライトウェイト・オントロジー」を活用してIBMが作成した**ワトソン (Watson)** が、2011年にクイズで人間のチャンピオンに勝利しました。**Question-Answering (質問応答)** という研究分野の成果なのですが、ワトソン自体は意味を理解して答えているわけではなく、関連性の高いと思われる回答を探索しているだけに過ぎません。

(5) 東ロボくん

日本でも東大入試合格を目指す**東ロボくん**の開発プロジェクトが立ち上がってセンター模試で一定の成績を残しましたが、やはり設問の意味を理解しているわけではないため、目標の合格を実現するのは難しいとして開発が中止されました。

3　機械学習 (Machine Learning)

第2次AIブームが収束した後、再びAIブームが盛り上がるきっかけとなったのが機械学習です。より精度の高い複雑なモデルを学習するために必要となる、蓄積するデータ量の増大と、その大量データを学習するためのコンピュータの演算能力向上の、両方の実現が機械学習発展の大きな要因となりました。中でも統計的自然言語処理の研究が進み、これを活用した機械翻訳は大きな性能向上を実現しました。

(1) データの増大と機械学習

大量のデータが蓄積されるのに伴い、その大量データの中からルールやパターンをプログラム自身が学習する機械学習が非常に有効なアプローチとなりました。特にウェブ上に蓄積されるビッグデータを学習し、購買パターンや購買確率からおすすめ商品を広告表示するためのレコメンデーションエンジンや、キーワードのパターンからテキストデータを分類するスパムフィルターなどが実用化されました。しかし、扱う変数が増えて関数の次元が増えると計算しなければならない組み合わせも指数関数的に増えるという**次元の呪い**が知られており、精度が高くなるよう複雑なモデルを学習させる際にはコンピュータの演算処理能力の向上が欠かせません。また、学習のためにはモデルのパラメータ数の約10倍のデータが必要だという経験則も存在し、インターネットの普及に伴うビッグデータの蓄積と、そのビッグデータを学習するだけの演算処理能力の向上の両方が、機械学習の発展に重要な役割を果

たしたことがわかります。

(2) 統計的自然言語処理

　機械学習分野の中でも特に「対訳コーパス」という日本語と英語の両方が記載された大量のテキストデータに対して、文法構造や意味構造を考慮せずに出現頻度を統計的に機械学習する**統計的自然言語処理**が飛躍的な進歩を遂げ、これを活用した**統計的機械翻訳（SMT）**は、それまでの逐語訳や文章構造解析などを活用したルールベースでの機械翻訳よりも自然な翻訳結果が得られるようになりました。

4 深層学習（Deep Learning）

　機械学習とは、明示的にプログラムしなくても人工知能自身が学習する仕組みを指しますが、ルールやパターンを導き出すためにデータのどの特徴に注目すべきなのか、依然として入力情報（変数）は人間が選定して与えてあげる必要があります。それに対し、深層学習（ディープラーニング）は特徴量も自動で学習することができるため、大量データを複雑なモデルに学習させることで人間をも上回る認識や判断の精度を実現して、大きな注目を集めています。

(1) ディープニューラルネットワーク（DNN）

　生物の脳内神経回路網を模した数式モデルがニューラルネットワークです。複数の入力に対して単一の出力を持つ最もシンプルな構造を**単純パーセプトロン**といい、ニューラルネットワークはそれを複数組み合わせて入力層と出力層の間に隠れ層を持つ構造となっています。特に多階層構造で隠れ層が多数存在するものを**ディープニューラルネットワーク（DNN）**と呼び、深い関数であるため表現能力が高く、複雑な関数を近似できる点が特徴です。

　深層学習（Deep Learning）は、大量のデータを用いてディープニューラルネットワーク（DNN）を学習することで、画像認識・音声認識などそれまで難しかった非常に高度な認識能力を実現し、さらに音声や対話の生成や、状況から行動を決定する強化学習で成果を残し、注目されています。機械翻訳の分野でもディープニューラルネットワークを活用した**ニューラル機械翻訳（NMT）**の研究が進み、2016年にGoogle翻訳に採用されて精度が劇的に向上したことが話題を集めました。

(2) ILSVRC（ImageNet Large Scale Visual Recognition Challenge）

　ImageNetという大規模な画像データセットを用いた一般物体認識のコンペティションです。それまでエキスパートが職人芸のように特徴抽出することで競っていましたが、2012年に**ジェフリー・ヒントン**教授をはじめとするトロント大学の

SuperVisionチームが特徴量を自動で抽出する深層学習の手法を適用し、それまでの記録を大幅に塗り替えて圧勝したことで世界中の注目を集めました。

このDNN構造は筆頭著者の名前をとって**AlexNet**と名付けられました。その後2015年にはMicrosoftの**ResNet**が優勝し、人間の手動分類の結果をも上回る結果を残しました。ILSVRCは2017年に終了し、以降は**Kaggle**に引き継がれています。

▼図1.1　ILSVRCの歴代優勝チームの認識誤り率

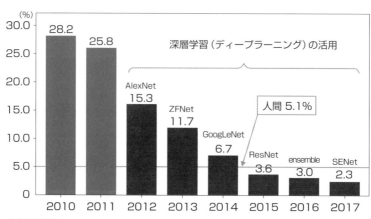

出典：ILSVRC

(3) 代表的な企業と製品／サービス

深層学習 (Deep Learning) では、データセットと技術基盤および技術者などのエコシステム全体が非常に重要となるため、大量のユーザーを抱え込むことでデータ・技術者も同時に増大させていくプラットフォーム戦略で成功を収めつつある米国企業が圧倒的な競争優位を築いていて、中心となる企業名の頭文字をとってGAFA/GAMFAなどと呼ばれています。

▼代表的な企業と製品／サービス

企業	製品／サービス
Google	TensorFlow (DLフレームワーク)、DeepMind (巨額で買収したAIベンチャー)、AlphaGo (囲碁AI)、Googleアシスタント (対話型アシスタント)、GCP (クラウド環境)、TPU (機械学習演算専用プロセッサ)、Waymo (自動運転)
Amazon	Alexa (対話型アシスタント)、AWS (クラウド環境)
Microsoft	Cortana/りんな (対話型アシスタント)、Azure AI (クラウド環境)
Facebook	DeepFace (顔認識)、PyTorch/Caffe (DLフレームワーク)
Apple	Siri (対話型アシスタント)、Appleシリコン (機械学習演算用モジュールを含むモバイル向けプロセッサ)

Theme 3 人工知能分野の問題

重要度：★★☆

人工知能の実現に立ちふさがる様々な問題点について理解します。

Navigation

要点をつかめ！

学習アドバイス

ADVICE!

人工知能研究における問題点について、何が実現できていて何が難しいのか、正しく理解しましょう。過去のAIブームにおける期待が失望から収束に変わった理由や、明らかとなった課題が次のどのような技術発展に繋がったか、流れを理解することが重要です。

キーワードマップ

● 第1次AIブームの収束へ繋がった問題点
  ├ トイプロブレム
  └ モラベックのパラドックス

● 第2次AIブームの収束へ繋がった問題点
  ├ 知識獲得のボトルネック
  ├ フレーム問題
  └ シンボルグラウンディング問題

● 第3次AIブームに対する期待
  └ 特徴量設計
    └ Deep Learning
      （特徴量を自動で学習）

● 第3次AIブームに対する問題点/危惧
  ├ 強いAI(AGI)と弱いAI(ANI)
  └ シンギュラリティ

出題者の目線

● フレーム問題とシンボルグラウンディング問題の2つは、人工知能研究における難問としてよく出題されます。人間との違いを理解しておきましょう。

詳しく見てみよう

人工知能研究は過去にブームとその収束を繰り返して来た歴史があります。それ
ぞれの時代に立ちふさがった問題がその後どのような技術発展に繋がったか、現在
も解決されていない問題や新たに持ち上がった問題が何かを把握し、将来の汎用的
な人工知能の実現性について理解しておきましょう。

1 トイプロブレム

迷路やパズル、またはチェスや囲碁など、ルールが明確に定義された問題を**トイ
プロブレム（おもちゃの問題）**といいます。人工知能がトイプロブレムを解くことは
できても、現実世界で発生しているもっと複雑な問題が解けないことが、第1次AIブー
ムの収束に繋がりました。

2 モラベックのパラドックス

ハンス・モラベックというロボット研究者が提唱した逆説で、コンピュータにとっ
て難解なパズルや数式を解くことが容易にできたとしても、実は人間が幼児のころ
から無意識にやっている一見簡単な認識や運動を実現することこそが非常に難しい
ということを示しています。

3 チューリングテスト

数学者のアラン・チューリングが考案した、画面とキーボードを通じて会話をす
る中で相手が人間ではなくコンピュータだと見抜けなければ知能があるとする判定
方法です。実際に**ELIZA（イライザ）**というシステムはあたかも人間と対話している
ように感じられるため人気が出ました。また、チューリングテスト方式で評価を行
う**ローブナーコンテスト**が1991年以降に毎年開催され、人間と区別がつかない会話
プログラムの実現を目指して開発が進められています。

4 強いAIと弱いAI

哲学者の**ジョン・サール**が生み出した用語で、**強いAI**は心を持つ汎用AI（AGI：
Artificial General Intelligence）を、**弱いAI**は心を持つ必要がないが特定領域で有
用な道具となるAI（ANI：Artificial Narrow Intelligence）を、それぞれ指します。
ジョン・サールは1980年にチューリングテストを発展させた**中国語の部屋**という

思考実験を発表し、一見対話が成立しているように見えても、意味を理解したり意識を持つことにはならないと主張しました。

5　知識獲得のボトルネック

エキスパートシステムの課題として明らかになったのは、下記のような**知識獲得のボトルネック**でした。

①専門家から知識をヒアリングするのに時間とコストがかかる

②知識としてのルールが数千、数万と増えた際に整合性や一貫性を保つのが大変だ

③常識など広い範囲に広げようとすると、膨大な量の知識ルールが必要になる

人間の持つすべての常識をルール化しようとする**Cyc（サイク）プロジェクト**は、30年以上経っても完成しておらず「現代のバベルの塔」と呼ばれています。

6　フレーム問題

人間が自然と行っている「いま解こうとしている問題に関係のあることがらだけを選び出す」ということが、人工知能にとって非常に難しいという問題です。

「ロボットが、時限爆弾を上に載せたバッテリーを洞窟の中から運び出す際に、副次的に発生する事象を無限に考慮したり、何が目的と関係のある事象なのか無限に分類をして、結果的に目的を果たせない」という例がよく使われます。第2次AIブームで知識表現が研究される中で、人工知能の限界の1つとして認識されました。

7　シンボルグラウンディング問題（記号接地問題）

人工知能が知識表現を文字列や記号として処理する一方で、その本当の意味を理解してシンボル（記号）と紐付けする（グラウンディング・接地）ことができないという問題です。「シマ（stripe：縞）」と「ウマ（horse：馬）」を記号として学習したとしても、意味を理解していないため初めて見た「シマウマ（zebra）」を認識できない、

得点アップ講義

\\POINT UP!/

シンギュラリティについても、よく出題されます。著名人の意見を押さえておくと得点アップに繋がる可能性があります。

という例がよく使われます。さらに、本当の意味理解のためには身体で実際に触れるなど外界との相互作用を通して得た感覚が重要だという「**身体性**」に着目した研究もあります。

8 特徴量設計

　例えば、部屋の情報から賃貸の家賃を推測するためには、部屋の広さや築年数、駅からの距離などの入力情報（変数）を用意する必要があり、この変数を**特徴量**と呼びます。機械学習モデルを構築する際には、「注目すべきデータの特徴」は何か、ドメイン領域の知見をもとに適切な特徴量を抽出する職人芸が重要となるわけです。

　「Deep Learning」は**特徴表現学習**とも呼ばれ、特徴量を自動で学習することができるため、深いドメイン知識がなくてもEnd-To-End（入力と出力）のデータさえあれば学習できるという特徴があります。一方で自動的に抽出された特徴量の内部表現を完全に理解することは難しいため、得られた結果に対して必ずしも明確に判断理由を説明できるわけではない点に注意が必要です。

9 ノーフリーランチ定理

　どのような問題に対しても万能な汎用アルゴリズムは存在しないという定理です。特定の問題に対しては、汎用アルゴリズムではなく、その問題や領域に特化し最適化されたアルゴリズムを作成すべきということを示しています。

10 シンギュラリティ（技術的特異点）

　「人工知能が自分より少しでも賢い人工知能を作成できるようになれば、それを繰り返して無限に高い知能が誕生する」という概念です。「2045年には1000ドルで手に入るコンピュータの性能が全人類の脳の計算能力を上回り、**シンギュラリティ（技術的特異点）**に至るだろう」というレイ・カーツワイルの予想が有名で、「人工知能に遺伝子工学・ナノテクノロジーが組み合わさって人類と機械の知性が融合する」と主張しています。カーツワイルが「人工知能が人間よりも賢くなる」と予想している時期は、それよりも少し前の2029年です。

　シンギュラリティに対して、スティーブン・ホーキング博士は「人類の終焉を意味するかもしれない」と危惧し、テスラのイーロン・マスクも「かなり慎重に取り組む必要がある」としてOpenAIという非営利団体を設立しました。

問題を解いてみよう

問1 次の文章を読み、空欄に当てはまる最も適切な選択肢を選べ。

人工知能の定義は、（　）。

A　ISOで明確に定められている
B　人間の知性を人工的に再現したものである
C　専門家の間でも定まっていない
D　コンピュータが自律して学習することである

問2 次の文章を読み、空欄に当てはまる最も適切な選択肢を選べ。

AI研究は過去に2度ブームがあり、第1次AIブームでは（ア）の研究
が進んだが、（イ）という理由でブームが終焉を迎えました。第2次
AIブームでは（ウ）の研究が進んで（エ）が登場しましたが、（オ）とい
う理由で再び冬の時代を迎えました。

（ア）に入る言葉は以下のどれか。
A　知識の整理
B　探索と推論
C　機械学習
D　人間の脳

（イ）に入る言葉は以下のどれか。
A　データの計算処理に多大な費用が必要となる
B　文字列や記号が処理できても本当の意味を理解することは難しい
C　知識の蓄積や管理が膨大で難しい
D　簡単な問題（トイプロブレム）しか解けない

（ウ）に入る言葉は以下のどれか。
A　知識の整理

B 探索と推論

C 機械学習

D 人間の脳

（エ）に入る言葉は以下のどれか。

A SiriやAlexa

B エキスパートシステム

C レコメンデーションシステム

D 自動翻訳エンジン（統計的自然言語処理）

（オ）に入る言葉は以下のどれか。

A データの計算処理に多大な費用が必要となる

B 文字列や記号が処理できても本当の意味を理解することは難しい

C 知識の蓄積や管理が膨大で難しい

D 簡単な問題（トイプロブレム）しか解けない

問3 次の文章を読み、空欄に当てはまる最も適切な選択肢を選べ。

今までオセロなど様々なゲームで、人工知能と人間が対戦してきました。チェスでは（ア）の開発した（イ）が、囲碁ではディープラーニングも活用した（ウ）の（エ）が人間のチャンピオンに勝利しました。

（ア）に入る言葉は以下のどれか。

A Apple

B IBM

C Microsoft

D Google（DeepMind）

E Amazon

F Facebook

（イ）に入る言葉は以下のどれか。

A AlphaGo

B Deep Blue

C　Cortana
D　DeepFace
E　Siri

（ウ）に入る言葉は以下のどれか。

A　Apple
B　IBM
C　Microsoft
D　Google (DeepMind)
E　Amazon
F　Facebook

（エ）に入る言葉は以下のどれか。

A　AlphaGo
B　Deep Blue
C　Cortana
D　DeepFace
E　Siri

問4　機械学習（深層学習を含む）の活用事例として、正しい記述をすべて
選べ。

A　自動運転
B　音声認識
C　キャッシュレス決済
D　仮想通貨
E　不良品検知
F　スパムフィルター

問5　深層学習 (Deep Learning) の特徴を表した文章として、正しい記述をすべて選べ。

A　生物の脳を模しており、幅広い領域に対応した、心を持った汎用AIである

B　多数の「隠れ層」を持った深い関数で、高い表現能力が特徴である

C　縦軸と横軸を持つ表形式のデータの処理が最も得意である

D　少量データを学習するだけで高い精度を実現できる

E　特定領域で人間を上回る認識精度を実現している

問6　探索木に関する説明として、最も不適切な選択肢を1つ選べ。

A　幅優先探索は最短距離の解が必ず見つかるが、途中のノードをすべて記憶する必要があるためメモリの消費が膨大になる

B　深さ優先探索は必ずしも最短の解が最初に見つかるとは限らないが、メモリはそれほど必要としない

C　実世界では、解が見つかるまでに使用するメモリ量をおさえることを優先するため、一般的に深さ優先探索が主に用いられる

D　探索木を用いて迷路やパズルのほか、オセロ・チェス・将棋・囲碁などのボードゲームも解くことができる

問7　探索木を用いてボードゲームをコンピュータで解く際に、最も不適切な選択肢を1つ選べ。

A　自分と相手が交互に手を指す探索木を作成する必要があり、組み合わせが天文学的な数になってしまうため、事実上すべてを探索しきれない

B　モンテカルロ法では、ヒューリスティックな知識を活用して不要な探索を省略し、過去の膨大な戦歴を元に局面のスコアを定める

C　Min-Max法では、自分の有利さを示す評価関数に対して、自分はスコアが最大になる手を、相手はスコアが最小になる手を指すという考えで戦略を立てる

D αβ法は、最大もしくは最小のスコアを選択する過程で不要なノードを探索対象から外すことで探索量をできるだけ減らす手法である

問8 次の中からis-aの関係として、最も不適切な選択肢を1つ選べ。

A イルカ ⇒ 哺乳類
B イチゴ ⇒ 果物
C タイヤ ⇒ 車
D バス ⇒ 車

問9 次の中から推移律が成り立つケースとして、最も不適切な選択肢を1つ選べ。

A 人間 is-a 哺乳類、哺乳類 is-a 動物
B サッカー is-a 球技、球技 is-a スポーツ
C 東京 part-of 日本、日本 part-of アジア
D 顔 part-of 子供、子供 part-of 家族

問10 次の中からライトウェイト・オントロジーの活用例として、最も不適切な選択肢を1つ選べ。

A ディープブルー
B ウェブマイニング
C データマイニング
D ワトソン

答え合わせ

問1 正解：C

解説

　「機械学習」と異なり、「人工知能」の定義は専門家の間でも明確に定まっていません。詳しくは1章Theme1の1をご確認ください。

問2 正解：（ア）B、（イ）D、（ウ）A、（エ）B、（オ）C

解説

（ア）

A × 「知識の整理」についての研究は、第2次AIブームで盛んに進められました。詳しくは1章Theme1の3(2)をご確認ください。

B ○ 「探索と推論」が第1次AIブームにおける研究の中心でした。詳しくは1章Theme1の3(1)をご確認ください。

C × 「機械学習」についての研究が花開くのは第3次AIブームです。詳しくは1章Theme1の3(3)をご確認ください。

D × DNN (Deep Neural Network) は人間の脳内の神経回路網を模した数式モデルですが、人間の脳組織そのものの研究とは直接の関係がありません。

（イ）

A × 膨大なデータの蓄積とそれに対する演算処理能力の向上が、第3次AIブームで機械学習/深層学習の研究が拡大した理由の1つです。詳しくは1章Theme2の3(1)をご確認ください。

B × シンボルグラウンディング問題（記号接地問題）についての記述で、数理モデルを用いた人工知能 (AI) に共通の課題です。詳しくは1章Theme3の7をご確認ください。

C × 知識獲得のボトルネックについての記述で、第2次AIブームが終焉を迎える理由となりました。詳しくは1章Theme3の5をご確認ください。

D ○ トイプロブレムについての記述で、第1次AIブームが終焉を迎える理由となりました。詳しくは1章Theme3の1をご確認ください。

（ウ）

　選択肢は（ア）と共通です。

（エ）

A × AppleのSiriやAmazonのAlexaといった対話型アシスタントは、内部にディープラーニングなど高度な機械学習/深層学習モデルが活用されており、第2次AIブームで研究された対話システムやエキスパートシステムとは異なります。詳しくは1章Theme2の4（3）をご確認ください。

B ○ 第2次AIブームで作成されたエキスパートシステムは、専門家からヒアリングした知識を蓄積・管理することで作成されました。詳しくは1章Theme2の2（2）をご確認ください。

C × オンライン上の膨大なアクセスデータの中からルールやパターンを抽出する機械学習手法を用いてレコメンデーションエンジンが構築されています。詳しくは1章Theme2の3（1）をご確認ください。

D × 機械学習を活用した統計的自然言語処理の技術により、それまでよりも自然な自動翻訳の結果が得られるようになりました。詳しくは1章Theme2の3②をご確認ください。

（オ）

選択肢は（イ）と共通です。

問3 正解：（ア）B、（イ）B、（ウ）D、（エ）A

解説

（ア）

人間と人工知能とのゲーム対戦の事例について、詳しくは1章Theme2の1（2）の解説をご確認ください。

（イ）

GAMFAと呼ばれる主要企業の代表的な製品/サービスについて、詳しくは1章Theme2の4（3）をご確認ください。

A × Google（DeepMind）が開発した囲碁プログラムで、トッププロ棋士に勝利しました。過去の棋譜を必要とせず自己対戦のみで学習を進めるAlphaGo Zeroなど継続して研究が進められています。

B ○ IBMのDeep Blueは1秒間に2億手を探索できる高速な処理能力を誇り、当時のチェス王者カスパロフに勝利しました。

C × Microsoftにより開発され、Windows 10に搭載されているAIアシスタントです。

D × DeepFaceはFacebookがユーザーの投稿写真や公開データベースなどを用いて開発した顔認識アルゴリズムで、それまでの技術よりも識別精度が大幅に向上し、人間とほぼ同等レベルを達成しました。

E × Appleの対話型アシスタントです。スマートスピーカーの浸透と並行して各社から様々な対話型アシスタントが登場し、「Hey Siri」「OK Google」「Alexa」など機能を呼び出すウェイクワード/ホットワードへの認知が広まっています。

（ウ）

選択肢は（ア）と共通です。

（エ）

選択肢は（イ）と共通です。

問4 正解：A、B、E、F

解説

A ○ 画像認識や強化学習など様々な機械学習が活用され、自動運転の研究開発が世界中で進められています。

B ○ 音声認識は、大量なデータからのパターン認識という点で機械学習/深層学習の応用が最も進んでいる領域の1つです。

C × キャッシュレス決済は、インターネットやスマートフォン端末の普及などインフラ環境の整備に伴い利用が拡大しています。電子的な決済システムと機械学習は直接の関係がありませんが、蓄積した取引データ（トランザクション）に対して機械学習を適用して新たなサービスが誕生する可能性はあります。

D × 仮想通貨は分散型データベースや改竄耐性の高い偽造防止/暗号化技術の実現により国境を越えて広がりましたが、機械学習とは直接の関係がありません。

E ○ 画像認識は機械学習/深層学習の応用が最も進んでいる領域で、目視による不良品検知に代わって画像認識による自動判定システムを導入する事例が増えています。

F ○ スパムフィルターは機械学習活用の代表例で、過去のスパムメール文に共通する特徴やパターンを機械が自動的に学習することで、スパムの可能性が高いメールを抽出することができます。

問5	正解：B、E

解説

A × 生物の脳内神経回路網を模した数式モデルですが、心や感情などを含む生物の脳そのものを再現することは現時点では実現できていません。「強いAI」については1章Theme3の4、「シンギュラリティ」については1章Theme3の10をご確認ください。

B ○ 多層構造の深い関数で多数の変数を内包するため、複雑な関数を近似できる高い表現能力が深層学習（Deep Learning）の特徴です。

C × 人間が仮説や候補を与えなくてもデータ内の特徴量を自律的に学習できるため、表形式に整理された構造化データだけでなく、画像や音声といった非構造化データに対しても高い認識精度を実現することができます。

D × 深層学習（Deep Learning）モデルは表現能力が高い一方で、その学習のために大量のデータが必要となります。ただし、毎回大量のデータを用意するのはコストが掛かるため、手元のデータを加工して増強するオーグメンテーション（Augmentation）や、既に学習済みのモデルを転用する転移学習など、手元のデータが少なくても高い精度を得るための学習手法についても応用が進められています。

E ○ 人工知能と同様、人間も完璧に認識や判断を下すことはできません。画像認識など特定領域においては、既に人間を上回る認識精度を実現しており、様々な分野での活用が進んでいます。

問6	正解：C

解説

　深さ優先探索では、運が良ければ早期に解が見つかりますが、運が悪ければ解が見つかるまでに時間がかかってしまうため、選択肢Cが誤りとなります。

　幅優先探索・深さ優先探索は一長一短であり、実用時の目的や問題の状況に合わせてそれぞれの探索手法を使い分けたり、それぞれの良さを組み合わせたりする研究が進められています。詳しくは第1章Theme2の1（1）をご確認ください。

問7　正解：B

解説

　モンテカルロ法とは、ある局面以降は人為的なスコア計算を放棄して、ランダムに指し続けて終局（プレイアウト）した場合の勝率をシミュレーションする手法です。人間が過去の戦歴を参考にスコアを決めるよりも、たくさん指してみて確率が良いものを選ぶ手法であり、選択肢Bが誤りとなります。詳しくは第1章Theme2の1 (2) をご確認ください。

問8　正解：C

解説

　タイヤは車の一部であり、part-of(一部である)の関係となるため、選択肢Cが誤りとなります。詳しくは第1章Theme2の2 (3) をご確認ください。

問9　正解：D

解説

　選択肢AとBはis-aの関係なので、それぞれ「人間is-a動物」「サッカーis-aスポーツ」という推移律が成立します。一方で、選択肢CとDはpar-ofの関係なので推移律が成立するかどうかは場合によります。「東京part-ofアジア」は成立しますが、「顔part-of家族」は成立しないので、選択肢Dが誤りとなります。「顔は子供の身体の一部」という関係性に、別の「子供は家族の一員」という関係性を組み合わせたのが原因です。

問10　正解：A

解説

　ディープブルーはIBMが開発したチェスのプログラムなので、選択肢Aが誤りとなります。残り3つの選択肢は、いずれもライトウェイト・オントロジーにより、大量のデータを解析して有用な知識や関係性を自動で見つける活用例です。

第 **2** 章

数学的基礎

Theme 1 確率統計

重要度：★★☆

機械学習は、数学の知識が多く盛り込まれており、その中でも確率・統計は土台となる概念です。機械学習は未知のデータに対する予測をしますが、その予測を客観的にとらえるために確率・統計が使われています。

Navigation

要点をつかめ！

ADVICE! 学習アドバイス

似たような意味合いの言葉が出てきますので、混同しないように意味を理解しましょう。図やイメージと一緒に理解すると間違いにくくなります。

キーワードマップ

- ●統計学
  - 記述統計学
    - 平均
    - 分散
  - 推計統計学
    - 回帰分析
- ●確率
  - 事前確率
  - 事後確率（条件付き確率）
  - ベルヌーイ試行、二項分布
  - ポアソン分布

出題者の目線

- ●計算する問題は少なく、基本的な用語や概念を問う問題が過去に出題されています。

Lecture

詳しく見てみよう

1 統計学

統計学とは、データを平均や分散などの「統計量」にまとめて、その法則性や特徴をとらえる学問です。統計学は、次の2つに大別できます。

(1) 記述統計学

手元にあるデータの特徴をとらえます。例えば、テストの点数をAクラスとBクラスで比較する際、クラスの「平均点」という指標を用いて比較することです。

(2) 推計統計学

データの背景にある母集団の特徴をとらえます。例えば、日本人全体の平均年収を求める際、必要最低限の数（「標本数」といいます）を集め、母集団を推定することです。

2 平均・分散

(1) 平均

平均（「平均値」といいます）とは、すべてのデータの値を足して、データの数で割ったものです。データセットを代表する値としてよく使われます。

●求め方

n個の観測データをそれぞれ $x_1, x_2, …, x_n$ としたときの平均を $\bar{x}$ と表記し、次の式で求められます。

$$\bar{x} = \frac{x_1 + x_2 + \cdots + x_n}{n}$$

例えば、次に英語と数学のテスト結果があります。点数の平均を求めてみましょう。

	英語	数学
Aさん	60	50
Bさん	70	90
Cさん	80	55
平均点	**70**	**65**

数式に当てはめると、英語の平均点は $\frac{60+70+80}{3} = 70$（点）となり、数学の平均点は $\frac{50+90+55}{3} = 65$（点）となります。

●中央値

データを小さい順に並べたときにちょうど真ん中に来る値のことです。平均同様、データセットを代表する値としてよく使われます。先ほどのテスト結果では、英語の中央値が70、数学の中央値が55になります。

平均値は、データセット内に突出して大きな数値ある場合、値が大きく引き上げられてしまいます。そのような場合に、中央値をデータセットの代表値とすることが多いです。

(2) 分散

分散とは、データの散らばりの度合いを表す値です。データの散らばりが大きいと分散も大きくなり、散らばりが小さいと分散は小さくなります。

●求め方

n個の観測データをそれぞれ、$x_1, x_2, ..., x_n$ としたときの分散を s^2 と表記し、次の式で求められます。

$$s^2 = \frac{(x_1 - \bar{x})^2 + (x_2 - \bar{x})^2 + \cdots + (x_n - \bar{x})^2}{n}$$
$$= \frac{1}{n} \sum_{k=1}^{n} (x_k - \bar{x})^2 \quad (x_k は k 番目のデータ)$$

先ほどと同様に、英語と数学のテスト結果から点数の分散を求めてみましょう。

	英語	数学
Aさん	60	50
Bさん	70	90
Cさん	80	55
平均点	70	65
分散	**66.7**	**316.7**

数式に当てはめると、英語分散は $\frac{(60-70)^2 + (70-70)^2 + (80-70)^2}{3} \fallingdotseq 66.7$(点)となり、数学の分散は $\frac{(50-65)^2 + (90-65)^2 + (55-65)^2}{3} \fallingdotseq 316.7$(点)となります。

●標準偏差

標準偏差も、分散と同様にデータの散らばりの度合いを表す値です。分散の平方根を計算することで求められます。つまり、先ほど分散を s^2 と表記しましたが、標準偏差は平方根になる s と表記します。

$$s = \sqrt{s^2}$$

先ほどのテスト結果に標準偏差を追加すると、次のとおりになります。

	英語	数学
Aさん	60	50
Bさん	70	90
Cさん	80	55
平均点	70	65
分散	66.7	316.7
標準偏差	**8.2**	**17.8**

　英語の分散が66.7なので、標準偏差は$\sqrt{66.7} \fallingdotseq 8.2$（点）となり、数学の標準偏差は$\sqrt{316.7} \fallingdotseq 17.8$（点）となります。

　標準偏差を用いると、英語の平均点が70（点）、標準偏差8.2（点）のとき、平均点から前後に標準偏差をとった61.8～78.2（点）の範囲に全体の約68％が存在するということがいえます。

▼図2.1　平均点70点から前後8.2点の間に全体の約68％が存在する

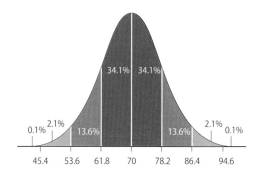

3　回帰分析

(1) 相関関係

　相関関係があるとは、（2つの値において、）一方の値が変化するともう一方の値も変化することを指します。例えば「年齢が高いと、年収も高い傾向にある」など、「一方が増えるともう片方も増える」傾向を「正の相関がある」といいます。逆に「一

方が増えるともう片方は減る」傾向を「負の相関がある」といいます。たとえば、「ソロバンの経験年数が長いと、計算時間が短くなる」などがあたります。

　データをそれぞれx、yとして関係性を図にすると以下のようになります。

▼図2.2　xとyに正の相関があるケース

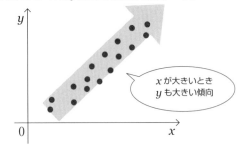

▼図2.3　xとyに負の相関があるケース

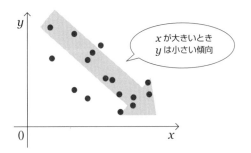

▼図2.4　xとyにほとんど相関がないケース

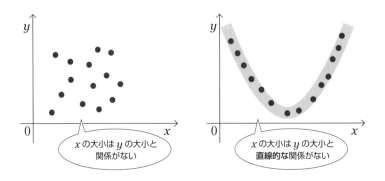

(2) 因果関係

　因果関係は、一方を原因としてもう一方の値が変化することを指します。相関関係とは異なり、"原因➡結果"という時系列を持った関係になります。例えば、夏の

暑さとビールの売上には、暑いとビールを飲みたくなるのでビールの消費が上がるという因果関係がありますが、ビールの売上とアイスクリームの売上では、ビールを飲むとアイスクリームを食べたくなるという関係は薄いといえるので、因果関係は低いでしょう。つまり、ビールの売上とアイスクリームの売上には、相関関係はあるが因果関係はないといえます。このように因果関係はないが、見えない要因（夏の暑さ）によって因果関係があるように見えることを疑似相関といいます。また、見えない要因（夏の暑さ）を潜在変数といいます。

(3) 回帰分析

　回帰分析とは、ある変数yの変動を別の変数xの変動により説明・予測するための手法です。つまり、変数xを用いて変数yを算出する予測式を求めます。説明したい変数yを目的変数、yを予測するための変数xを説明変数といいます。
　1つの目的変数を1つの説明変数で予測することを単回帰分析といい、説明変数が2変数以上になる回帰分析を重回帰分析といい、より複雑な分析が可能となります。

▼図2.5　単回帰分析と重回帰分析

単回帰分析

重回帰分析

　ここでは説明変数が1つの単回帰分析を用いて説明します。単回帰分析の場合、yを表す予測式は、y=ax+b（a,bは定数）のグラフで表されます。例えば、身長から体重を予測する場合、身長xに傾きaをかけ、切片bを足すことで体重が決まる予測式y=ax+bを求めることになります。

▼図2.6　身長から体重を予測

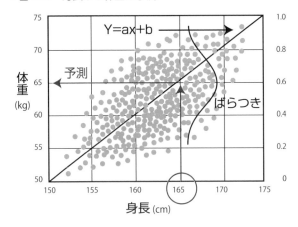

4　確率

(1) 確率とは

　確率とは、「ある事象がどの程度起こりやすいかを数値化したもの」です。すべての事象における確率を合計すると1 (100%) になります。例えば、コインを投げて表が出る確率は50%です。同様に裏が出る確率も50%であり、コイン投げでは表と裏の2通りしかパターンがないため、表・裏を足し合わせた確率は100%となります。

(2) 確率変数・確率分布

　確率変数とは、「起こりうる事象の値」を指します。例えば、サイコロを2回振った合計は2〜12のいずれかであり、取りうる値{2,3,4,・・・,12}が確率変数です。

　また、確率分布とは、確率変数に対してそれぞれの発生確率を表したものです。例えば、サイコロを2回振った合計の分布は次の表のようになります。

▼サイコロを2回振った合計の確率分布

確率変数	2	3	4	5	6	7	8	9	10	11	12
確率	$\frac{1}{36}$	$\frac{2}{36}$	$\frac{3}{36}$	$\frac{4}{36}$	$\frac{5}{36}$	$\frac{6}{36}$	$\frac{5}{36}$	$\frac{4}{36}$	$\frac{3}{36}$	$\frac{2}{36}$	$\frac{1}{36}$

(3) 事後確率 (条件付き確率)

　推計統計学では、観測されたデータから時間を遡ってそれを引き起こした原因の確率を推定する「ベイズ統計学」と呼ばれる学問があります。

　サイコロを例に考えると、サイコロを2回振って「どちらかで6が出た確率 (2回

とも6が出た場合を含む)」は11/36であり、これが「事前確率」です。一方、サイコロ2回の目の合計は9だったという情報を得られたとします。このとき、6が出た確率は1/2(全4通り[3,6],[4,5],[5,4],[6,3]のうち、2通り)となります。これが「事後確率」です。「合計が9だったという情報を得られた」という条件をもとに確率を推測することから、事後確率は「条件付き確率」とも呼ばれます。

(4)ベルヌーイ分布、二項分布
●ベルヌーイ試行
　「コインを投げて表がでればアタリ、裏がでればハズレ」のように、結果が2つしかない試行を**ベルヌーイ試行**といいます。コインの例でアタリを「1」、ハズレを「0」とし、アタリの確率をp($0 \leqq p \leqq 1$)とすると、それぞれの確率は次のように表せます。

$$P(X = 1) = p$$
$$P(X = 0) = 1 - p$$

●二項分布
　二項分布とは、端的に説明すると「ベルヌーイ試行を繰り返したときの確率分布」といえます。ベルヌーイ試行の試行回数がn回、当たり回数をkとすると、その確率は次の式で表せます。

$$P (X = k) = {}_nC_k p^k (1 - p)^{n-k} (k = 0, 1, 2, ..., n)$$

　このように、Xが二項分布に従うことをX〜B(n, p)と書きます。

●二項分布の平均(期待値)と分散
　確率変数Xが二項分布B(n, p)に従うとき、Xの平均E(X)と分散V(X)は次の式で求められます。

$$E (X) = np$$
$$V (X) = np (1 - p)$$

　なお、平均は期待値と同義です。

(5) ポアソン分布
●ポアソン分布
　二項分布のnが十分大きく、確率pが非常に小さい場合、現象が起こる回数Xは**ポアソン分布**に従うと考えられます。ポアソン分布は、まれな現象の大量観測と捉えられます。例えば、交通事故など確率が小さい事象をイメージすると理解しやすいです。交通事故はコインと違い、確率を直接求めることが難しいです。また、試行回数についても「何回」ではなく「何時間」という連続的な値になります。このように、試行が連続的な値で、発生確率を直接求めることが難しい場合に、ポアソン分布は有用です。
　先ほど、二項分布の平均E(X)は、npと説明しました。このnpをλとし、n→∞、p→0に近づけるとき、「時間sの間に平均λ回起きるまれな現象が、時間sの間にk回起きる確率」は次の式で表せます。

$$P(X=k) = \frac{\lambda^k e^{-\lambda}}{k!} \quad (k=0, 1, 2, \dots)$$

なお、Xがポアソン分布に従うことをX～Po(λ)と書きます。

●ポアソン分布の平均（期待値）と分散
　確率変数Xがポアソン分布Po(λ)に従うとき、Xの平均E(X)と分散V(X)は次の式で求められます。

$$E(X) = \lambda$$
$$V(X) = \lambda$$

なお、平均は期待値と同義です。

Theme 2 情報理論

重要度：★★★

情報理論とは、数学を用いて情報の本質を明らかにするための学問です。情報理論は確率的に発生する事象を数値化するため、前節で述べた確率・統計が土台にあります。

Navigation

要点をつかめ！

ADVICE!

学習アドバイス

確率・統計の知識をふまえ、事象の発生確率に対して、情報量がどう変化するのかを意識して理解しましょう。日常生活を例に考えると、理解しやすくなります。

キーワードマップ

- ●情報理論
  - ― 自己情報量
  - ― エントロピー
  - ― 相互情報量
  - ― 交差エントロピー

出題者の目線

- ●情報理論については、用語を理解するだけでなく、どういった特徴があるのかを理解しましょう。理論を理解し、例題にあるような問題が解けるようになりましょう。

詳しく見てみよう

1 情報理論

(1) 情報理論とは

　情報理論とは、数学を用いて情報の本質を明らかにするための学問です。もともとは通信技術において「どれだけ効率良く（短時間で）情報を伝えられるか」、「信頼性高く（ノイズなく）情報を届けられるか」を測るために利用されていました。その技術が「事象の予測」においても役立つため、機械学習を支える基本的な技術として利用されています。

(2) 自己情報量

　自己情報量は、「ある事象が起きたと知ることで、どれだけの情報量が得られるのか」を数値化したものです。以下の数式で表されます。

　　自己情報量：$I(p) = -\log_2 p$（単位：ビット）　※pは事象が起きる確率

　logは**対数関数**を表し、$\log_2 p$は「2を何乗するとpになるか」を表します。例えば、$\log_2 8$は、2を3乗すると8になるので、$\log_2 8 = 3$となります。自己情報量は、この対数関数に-1をかけた形で表されます。

　単純な例として、表裏がともに50％の確率で出るコインを投げて「表が出た」と知ることによって得られる情報量は、

$$I\left(\frac{1}{2}\right) = -\log_2 \frac{1}{2}$$
$$= -\log_2 2^{-1}$$
$$= -(-1)$$
$$= 1$$

です。また、トランプ52枚の中から1枚引くとき、「Aが出た」と知ることによって得られる情報量は、

$$I\left(\frac{1}{13}\right) = -\log_2 \frac{1}{13}$$
$$= \log_2 13$$
$$≒ 3.7$$

です。コインとトランプの例からもわかるとおり、**確率が小さい事象ほど、実際に起きたことを知ることで得られる情報量は大きい**です。一方、**確実に起きる事象（確**

率1の事象）を知ったとしても、得られる情報量はゼロです。日常に置き換えると、沖縄で晴れてもニュースにはなりませんが、雪が降ると大ニュースになるでしょう。これは、沖縄では晴れの確率が高く（得られる情報量が少ない）、雪の確率が低い（得られる情報量が多い）ためといえるでしょう。

(3) エントロピー

　エントロピーは、もともと熱力学および統計力学で使われる用語です。そこから、観測対象から得られる情報に関係があることが発見され、情報理論にも応用されるようになりました。

　情報理論におけるエントロピーとは、「事象が起きたと知ることによって、平均どれだけの情報量を得られるか」を数値化したものです。「事象の起こる確率と自己情報量を掛け合わせたものの総和」で求められます。

●xのエントロピー：

$$H(X) = (-\log_2 p_1) \cdot p_1 + \cdots + (-\log_2 p_n) \cdot p_n \quad \text{（単位：ビット）}$$

※p_kは事象が起きる確率

　例えば、コイン投げによるエントロピーは

$$\begin{aligned} H(X) &= \left(-\log_2 \frac{1}{2}\right) \cdot \frac{1}{2} + \left(-\log_2 \frac{1}{2}\right) \cdot \frac{1}{2} \\ &= 1 \cdot \frac{1}{2} + 1 \cdot \frac{1}{2} \\ &= 1 \end{aligned}$$

　また、晴れが75％、雨が25％としたときの天気のエントロピーは、

$$\begin{aligned} H(X) &= \left(-\log_2 \frac{3}{4}\right) \cdot \frac{3}{4} + \left(-\log_2 \frac{1}{4}\right) \cdot \frac{1}{4} \\ &\fallingdotseq 0.41 \cdot \frac{3}{4} + 2 \cdot \frac{1}{4} \\ &\fallingdotseq 0.81 \end{aligned}$$

　です。上記からわかるとおり、確率に偏りのある天気の方が、エントロピーが低くなります。エントロピーには法則があり、すべての事象が等確率のとき、エントロピーは最大となります。

(4) 相互情報量

　相互情報量は、「2つの確率変数がどの程度関連を持つか」を数値化したものです。言い換えると、相互情報量は不確実性 (エントロピー) の減少量とみなすことができます。例えば、先程のトランプの例において、「Aが出た」という情報に加えて、「偶数だ」という情報が手に入ったとします。このとき、引いたカードの候補はさらに絞り込まれるため、不確実性 (エントロピー) は減ったといえます。つまり、減った情報量が多いほど、両者には関係性があるといえます。

(5) 交差エントロピー

　「2つの確率分布がどれくらい離れているか」を数値化したものです。交差エントロピーは、機械学習の分類問題における学習に使われることが多いです。予測の分布と正解の分布がどれくらい離れているか、を数値化するために利用されます。例えば、先程の天気では「晴れ：75％、雨：25％」が確率分布になりますが、これを正解とした場合に予測の確率分布が同じような確率分布をとっているかを求めます。

　機械学習による予測が正解に似ているほど、交差エントロピーが小さくなります。つまり、交差エントロピーが小さくなるように学習を行うわけです。交差エントロピーの利用については、「5.2.3 誤差関数」をご参照ください。

得点アップ講義

\\POINT UP!/

情報理論については、言葉の意味合いよりも計算できるかが問われます。例題と章末問題を繰り返してミスなく解けるようにしましょう。

Theme 3 行列・線形代数

重要度：★★☆

機械学習では学習時に膨大な量の計算を行っていますが、その多くは行列データの演算です。具体的にどのような計算を行っているかを理解しましょう。計算の中身を理解することで、計算量を加味したモデル、よりよいモデルを選定できるようになります。

Navigation

要点をつかめ！

学習アドバイス

ADVICE!

計算問題は基本を覚えてしまえば、あとは数字が変わるのみで解き方は同じです。例題を繰り返し解いて、テストではすぐに問題を解けるようにしておくことが重要です。

キーワードマップ

- ●行列
  - ── ベクトル
  - ── 行列
- ●行列の演算
  - ── スカラー倍
  - ── 行列の和
  - ── 行列の積
    - ── 内積
    - ── アダマール積

出題者の目線

- ●数学については、紙に書いて計算するような問題が過去に出題されています。理論も重要ですが、例題にあるような問題が解けるようになりましょう。

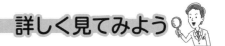
1　行列・線形代数

(1) 行列

　ディープラーニングでは、大量データをまとめて扱うことが多く、その大量データによって学習や予測を行うことが多いです。例えば、画像データは1枚の画像が大量のベクトルで表現され、画像データの学習は大量のベクトル計算を行います。

　ベクトルは、数値を縦方向に一列に並べた形で表現され、$x = \begin{pmatrix} x_1 \\ x_2 \\ x_3 \end{pmatrix}$ と書きます。ベクトルをさらに横方向に並べた形で表現されるものを行列と呼び、$A = \begin{pmatrix} a_{11} & \cdots & a_{1n} \\ \vdots & \ddots & \vdots \\ a_{m1} & \cdots & a_{mn} \end{pmatrix}$ （「m行n列の行列」）と書きます。ベクトルxにおけるx_1, x_2を「ベクトルxの要素」、行列Aにおけるa_{11}, a_{mn}を「行列Aの要素」といいます。ベクトルや行列を扱う分野を一般に線形代数と呼びます。

【ベクトルと行列】

$$x = \begin{pmatrix} x_1 \\ x_2 \\ x_3 \end{pmatrix} \qquad A = \begin{pmatrix} a_{11} & \cdots & a_{1n} \\ \vdots & \ddots & \vdots \\ a_{m1} & \cdots & a_{mn} \end{pmatrix}$$

(2) ベクトルの演算

　ベクトルに定数（スカラー）を乗じることを「スカラー倍」といいます。ベクトルの各要素に定数をかけることで求められます。

【ベクトルのスカラー倍】

$$a \begin{pmatrix} x_1 \\ x_2 \\ x_3 \end{pmatrix} = \begin{pmatrix} a \cdot x_1 \\ a \cdot x_2 \\ a \cdot x_3 \end{pmatrix} = \begin{pmatrix} ax_1 \\ ax_2 \\ ax_3 \end{pmatrix}$$

　次にベクトル同士の足し算ですが、ベクトルの各要素を足し合わせることで求められます。

【ベクトルの和】

$$\begin{pmatrix} x_1 \\ x_2 \\ x_3 \end{pmatrix} + \begin{pmatrix} y_1 \\ y_2 \\ y_3 \end{pmatrix} = \begin{pmatrix} x_1 + y_1 \\ x_2 + y_2 \\ x_3 + y_3 \end{pmatrix}$$

また、ベクトルの差は同様に、ベクトルの各要素を引くことで求められます。

(3) 行列の演算

ベクトルのスカラー倍と同様、行列の各要素に定数をかけることで求められます。

【行列のスカラー倍】

$$k \begin{pmatrix} a_{11} & \cdots & a_{1n} \\ \vdots & \ddots & \vdots \\ a_{m1} & \cdots & a_{mn} \end{pmatrix} = \begin{pmatrix} k \cdot a_{11} & \cdots & k \cdot a_{1n} \\ \vdots & \ddots & \vdots \\ k \cdot a_{m1} & \cdots & k \cdot a_{mn} \end{pmatrix} = \begin{pmatrix} ka_{11} & \cdots & ka_{1n} \\ \vdots & \ddots & \vdots \\ ka_{m1} & \cdots & ka_{mn} \end{pmatrix}$$

次に行列同士の足し算ですが、これもベクトルと同様に各要素を足し合わせることで求められます。

【行列の和】

$$\begin{pmatrix} a_{11} & \cdots & a_{1n} \\ \vdots & \ddots & \vdots \\ a_{m1} & \cdots & a_{mn} \end{pmatrix} + \begin{pmatrix} b_{11} & \cdots & b_{1n} \\ \vdots & \ddots & \vdots \\ b_{m1} & \cdots & b_{mn} \end{pmatrix} = \begin{pmatrix} a_{11} + b_{11} & \cdots & a_{1n} + b_{1n} \\ \vdots & \ddots & \vdots \\ a_{m1} + b_{m1} & \cdots & a_{mn} + b_{mn} \end{pmatrix}$$

また、行列の差は、行列の各要素を引くことで求められます。

(4) 行列の積

行列には、行列同士の掛け算といえる行列の積があります。行列の積は、「内積」と「アダマール積」の2種類があります。単に「行列の積」という場合は、内積を指すことが一般的です。

・内積

行列の内積は、特殊な計算を行います。行列独特の計算ですが、ディープラーニングでは、この行列の計算が大量に行われますので、どのような計算が行われているのか、しっかり押さえておきましょう。

2行2列の行列A,Bの積ABを考えます。行列の積ABは、「Aの1行目とBの1列

目の各要素の積の総和」を1行目1列目の要素とします。同様に、「Aの1行目とBの2列目を、ABの1行目2列目」、「Aの2行目とBの1列目を、ABの2行目1列目」、「Aの2行目とBの2列目を、ABの2行目2列目」と計算します。文章にすると複雑ですが、図にするとイメージしやすいので、次ページの図の形で頭に入れておきましょう。

【行列の積】

一般化すると以下のようになります。

【行列の積】

$$
\begin{pmatrix} a_{11} & \cdots & a_{1n} \\ \vdots & \ddots & \vdots \\ a_{m1} & \cdots & a_{mn} \end{pmatrix} \begin{pmatrix} b_{11} & \cdots & b_{1m} \\ \vdots & \ddots & \vdots \\ b_{n1} & \cdots & b_{nm} \end{pmatrix}
$$

$$
= \begin{pmatrix} a_{11} \cdot b_{11} + \cdots + a_{1n} \cdot b_{n1} & \cdots & a_{11} \cdot b_{1m} + \cdots + a_{1n} \cdot b_{nm} \\ & \vdots & \ddots & \vdots \\ a_{m1} \cdot b_{11} + \cdots + a_{mn} \cdot b_{n1} & \cdots & a_{m1} \cdot b_{1m} + \cdots & a_{mn} \cdot b_{nm} \end{pmatrix}
$$

行列の積は、「(左の) 行 × (右の) 列」と覚えましょう。

・アダマール積

　行列の積にはアダマール積と呼ばれる演算があります。行列AとBのアダマール積をA∘Bで表し、各要素は、行列A、行列Bの要素を掛けた数値をとります。

【アダマール積】

$$
\begin{pmatrix} a_{11} & \cdots & a_{1n} \\ \vdots & \ddots & \vdots \\ a_{m1} & \cdots & a_{mn} \end{pmatrix} \circ \begin{pmatrix} b_{11} & \cdots & b_{1n} \\ \vdots & \ddots & \vdots \\ b_{m1} & \cdots & b_{mn} \end{pmatrix} = \begin{pmatrix} a_{11} \cdot b_{11} & \cdots & a_{1n} \cdot b_{1n} \\ \vdots & \ddots & \vdots \\ a_{m1} \cdot b_{m1} & \cdots & a_{mn} \cdot b_{mn} \end{pmatrix}
$$

各要素をかけるだけの計算のため、計算量は内積と比べて少なくなります。アダマール積は後述のドロップアウトなどの計算に使われます（ドロップアウトの詳細は「5.3 確率的最急降下法」をご参照ください）。

2 アフィン変換

アフィン変換とは、xをAx+bに対応させるような変換をいいます。また、アフィン写像と呼ぶこともあります。一次関数y=ax+bを一般化したものがアフィン変換にあたります。

2次元のアフィン変換は、行列$A = \begin{pmatrix} p & q \\ r & s \end{pmatrix}$、平行移動をベクトル$b = \begin{pmatrix} b_1 \\ b_2 \end{pmatrix}$とすると、以下のように表せます。

$$\begin{pmatrix} y_1 \\ y_2 \end{pmatrix} = \begin{pmatrix} p & q \\ r & s \end{pmatrix} \begin{pmatrix} x_1 \\ x_2 \end{pmatrix} + \begin{pmatrix} b_1 \\ b_2 \end{pmatrix}$$

アフィン変換は4つの種類があります。まずは、それぞれを厳密に理解するよりも、ざっくりとしたイメージをつかむことが大切です。以下、2次元におけるベクトル$x = \begin{pmatrix} x_1 \\ x_2 \end{pmatrix}$に対するアフィン変換を考えます。

(1) 平行移動

xにベクトル$b = \begin{pmatrix} b_1 \\ b_2 \end{pmatrix}$を足したx+bは平行移動になります。

$$\begin{pmatrix} y_1 \\ y_2 \end{pmatrix} = \begin{pmatrix} x_1 \\ x_2 \end{pmatrix} + \begin{pmatrix} b_1 \\ b_2 \end{pmatrix}$$

▼図2.7　ベクトル$x = \begin{pmatrix} x_1 \\ x_2 \end{pmatrix}$の平行移動

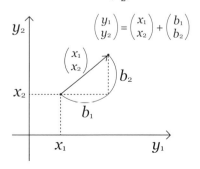

(2) 拡大・縮小

原点を中心とした拡大・縮小をイメージすると理解しやすいです。対角行列

$D = \begin{pmatrix} d_1 & 0 \\ 0 & d_2 \end{pmatrix}$ による変換Dxを指します。

$$\begin{pmatrix} y_1 \\ y_2 \end{pmatrix} = \begin{pmatrix} d_1 & 0 \\ 0 & d_2 \end{pmatrix} \begin{pmatrix} x_1 \\ x_2 \end{pmatrix} = \begin{pmatrix} d_1 x_1 \\ d_2 x_2 \end{pmatrix}$$

※対角行列とは、縦と横の要素数が同じn×n行列において、その対角成分((1, 1),
(2, 2), …, (n, n))以外が0である行列をいう。

【例】

$$\begin{pmatrix} 1 & 0 & 0 \\ 0 & 2 & 0 \\ 0 & 0 & 3 \end{pmatrix}$$

▼図2.8　ベクトル$x = \begin{pmatrix} x_1 \\ x_2 \end{pmatrix}$の拡大

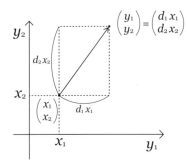

$$\begin{pmatrix} y_1 \\ y_2 \end{pmatrix} = \begin{pmatrix} d_1 x_1 \\ d_2 x_2 \end{pmatrix}$$

(3) 回転

原点を中心とした回転をイメージすると理解しやすいです。直交行列

$Q = \begin{pmatrix} cos\theta & -sin\theta \\ sin\theta & cos\theta \end{pmatrix}$ による変換Qxを指します。

$$\begin{pmatrix} y_1 \\ y_2 \end{pmatrix} = \begin{pmatrix} cos\theta & -sin\theta \\ sin\theta & cos\theta \end{pmatrix} \begin{pmatrix} x_1 \\ x_2 \end{pmatrix}$$

▼図2.9　ベクトルx $= \begin{pmatrix} x_1 \\ x_2 \end{pmatrix}$の回転

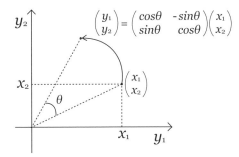

(4) せん断

せん断は、これまでの平行移動や拡大・縮小、回転と比べると少しわかりにくいです。せん断変換とは、xを「ある直線lからの符号付き距離に比例した量だけ、lの向きに動かす」ような変換です。

【数式】

2次元でlが原点 $\begin{pmatrix} 0 \\ 0 \end{pmatrix}$を通る水平線の場合、せん断変換は以下で表せます。

$$\begin{pmatrix} y_1 \\ y_2 \end{pmatrix} = \begin{pmatrix} 1 & a \\ 0 & 1 \end{pmatrix}\begin{pmatrix} x_1 \\ x_2 \end{pmatrix}$$

▼図2.10　ベクトルx $= \begin{pmatrix} x_1 \\ x_2 \end{pmatrix}$のせん断

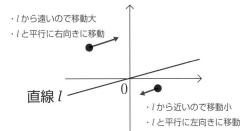

基礎解析

基礎解析は、数学の基本中の基本です。その中でも微分・積分は、解析学の中心であると同時に、ディープラーニングのパラメータ更新で頻繁に使われています。

Navigation

要点をつかめ！

ADVICE!

学習アドバイス

計算問題は基本を覚えてしまえば、あとは数字が変わるのみで解き方は同じです。例題を繰り返し解いて、テストではすぐに問題を解けるようにしておくことが重要です。

キーワードマップ

- 基礎解析
  - 微分
  - 偏微分

出題者の目線

- 数学については、紙に書いて計算するような問題が過去に出題されています。理論も重要ですが、例題にあるような問題が解けるようになりましょう。

詳しく見てみよう

1 1変数関数の微分

微分とは、「変数の微小な変化に対する変化量を求めること」です。関数$f(x)$を微分した関数を$f'(x)$と表し、導関数といいます。関数$f(x)$の導関数は、極限を用いて、lim... で求められます。また、$f(x)$の導関数は、$f'(x)$や$\dfrac{\mathrm{d}f(\mathrm{x})}{\mathrm{d}x}$と表します。

$y=f(x)$と表するとき、導関数をy'や$\dfrac{\mathrm{d}y}{\mathrm{d}x}$と表すこともあります。

微分に関して、まず以下の公式が成り立ちます。

$f(x) = x$をxで微分すると$f'(x) = 1$

$f(x) = x^2$をxで微分すると$f'(x) = 2x$

$f(x) = x^3$をxで微分すると$f'(x) = 3x^2$

これを一般化すると、以下の公式が成り立ちます。

$f(x) = ax^n$の微分$f'(x) = n \cdot ax^{n-1}$

また、関数$f(x)$のx=aにおける接線の傾きは、導関数$f'(x)$を求めて、xにaを代入することで求められます。例えば、関数$f(x) = x^2$とすると、下図のようになります。

このときのx=3における接線の傾きは、$f(x)$のxによる微分$f'(x)=2\mathrm{x}$（導関数）を求め、x=3を代入し、$f'(x=3)=2\cdot3=6$となります。

▼図2.11　f(x)=x²のx=3における接線の傾き

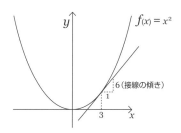

2 2変数関数の微分（偏微分）

2変数以上の関数（多変数関数）は、偏微分という方法で微分計算を行います。

【偏微分の計算】

①微分する「変数」を決める（例えば「xで微分」）

②決めた文字以外は「すべて定数」とみなし、1変数と同じように微分する

例えば、$z = x^2 + 2x - 3y^2 + 4$をxで偏微分する場合、x以外の変数（y）は定数とみなし、$-3y^2 + 4$を定数項ととらえます。残りの$x^2 + 2x$をxで微分し、$2x + 2$が答えとなります。

得点アップ講義

\\|POINT UP!|/

基礎解析については、複雑な計算問題が出ることはまずありません。基本の解き方を理解し、ミスなく解答すれば確実に得点できます。

問題を解いてみよう

問1 統計学とは、データから何かしらの特徴を見つけ、知見を得るための学問である。統計学は大きく2つに分類され、手元のデータから傾向や特徴を得る学問を(ア)という。一方、標本となるデータから母集団の性質を明らかにする学問を(イ)という。

(ア)、(イ)に入る言葉は以下のどれか。

A 分類統計学

C 推計統計学

B 記述統計学

D 推論統計学

問2 ある学校で英語と数学のテストをしたところ、図の結果となった。この結果からいえることは何か。

なお、生徒数は十分に多く、正規分布に従っているものとする。

	英語	数学
平均点	70	65
分散	66.7	316.7
標準偏差	8.2	17.8

A 英語では、58.5点から72.9点の間に全体の約68%が存在する

B 英語では、58.5点から72.9点の間に全体の約95%が存在する

C 数学では、47.2点から82.8点の間に全体の約68%が存在する

D 数学では、47.2点から82.8点の間に全体の約95%が存在する

問3 以下のうち、正の強い相関を示すグラフはどれか。

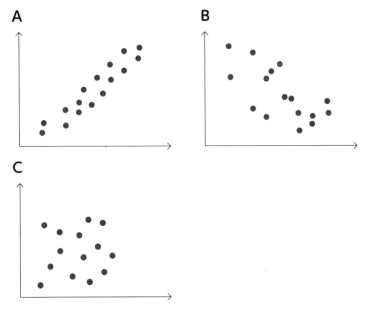

A

B

C

問4 赤玉 (①、②、③) と白玉 (④、⑤、⑥) が入った袋があります。袋から玉を一つ取り出すとき、「赤玉、かつ奇数の玉が出る」確率を (ア)、「取り出した玉が赤玉であると知っているとき、奇数の玉である」確率を (イ) という。

(ア)、(イ) に入る言葉は以下のどれか。

A　事後確率
B　事前確率
C　確率分布
D　確率関数

問5 サイコロを2回振って出た目の合計は6だった。このとき、3が出た
確率はいくらか。

A 5/36

B 1/5

C 1/36

D 1/6

問6 コインを5回投げて表が3回出る確率は（ア）である。また、このと
きの平均は（イ）、分散は（ウ）である。
（ア）、（イ）、（ウ）に入る言葉は以下のどれか。

A 2.5

B 0.3125

C 0.6

D 0.625

問7 当選確率2%の宝くじを100口購入した。宝くじの当選がポワソン
分布に従うと仮定すると、1口のみ当たる確率は（ア）である。また、
このときの平均は（イ）、分散は（ウ）である。

A $\dfrac{2}{e^2}$

B 1

C 2

D e^2

問8 B（バイト）は情報量を表す単位である。以下の単位を小さい順に並べよ。

A PB（ペタバイト）

B EB（エクサバイト）

C YB（ヨタバイト）

D ZB（ゼッタバイト）

問9 自己情報量は、情報の珍しさを数値化したものであり、$-\log_2 p$（pは事象が起きる確率）で求められる。logは（ア）という。確率50％の事象と、確率10％の事象を比較すると（イ）。また、確率100％の事象が起きたと知ることによって得られる情報量は（ウ）である。

（ア）に入る言葉は以下のどれか。

A 指数関数

B 確率密度関数

C 尤度関数

D 対数関数

（イ）に入る言葉は以下のどれか。

A 確率50％の事象の方が自己情報量は大きい

B 確率10％の事象の方が自己情報量は大きい

C 確率50％の事象と、確率10％の事象の自己情報量は等しい

（ウ）入る言葉は以下のどれか。

A 0

B 1

C 50

D 100

問10 エントロピーとは、「事象が起きたと知ることによって、平均どれだけの情報量を得られるか」を数値化したものであり、（ア）のとき最大値をとる。また、「2つの確率変数がどの程度関連を持つか」を数値化したものを（イ）という。

（ア）に入る言葉は以下のどれか。
A すべての事象が等確率
B 事象の数が最小
C 事象の数が最大
D 事象が正規分布である

（イ）に入る言葉は以下のどれか。
A マルコフ情報源
B 尤度関数
C 相互情報量
D 確率密度関数

問11 $\binom{2}{3} - 3\binom{5}{1}$ の答えを選択肢から1つ選べ。

A $-3\binom{7}{4}$

B $-3\binom{10}{3}$

C $\binom{3}{2}$

D $\binom{-13}{0}$

問12 $A = \begin{pmatrix} 3 & 2 & -1 \\ -1 & 0 & 1 \end{pmatrix}, B = \begin{pmatrix} 1 & 5 \\ 0 & 4 \\ -1 & 0 \end{pmatrix}$ のとき、

AB=（ア）、BA=（イ）である。

（ア）、（イ）に入るものは以下のどれか。

A $\begin{pmatrix} 4 & 23 \\ -2 & -5 \end{pmatrix}$

B $\begin{pmatrix} 3 & 0 & 1 \\ -5 & 0 & 0 \end{pmatrix}$

C $\begin{pmatrix} 3 & -5 \\ 0 & 0 \\ 1 & 0 \end{pmatrix}$

D $\begin{pmatrix} -2 & 2 & 4 \\ -4 & 0 & 4 \\ -3 & -2 & 1 \end{pmatrix}$

問13 アフィン変換に含まれるものを次の選択肢からすべて選べ。

A 拡大・縮小
B 平行移動
C 回転
D 正規化

問14 関数 $y = 2x^3 - 3x + 5$ のx=2における接線の傾きは以下のどれか。

A 2
B 21
C 15
D 5

問15 $z = x^2 + 6x - 5y^2 + 4y - 3$をxで偏微分すると（ア）、yで偏微分すると（イ）になる。

（ア）、（イ）に入る言葉は以下のどれか。

A $2x + 6$
B $2x - 6$
C $-10y + 4$
D $2x - 10y - 3$

問16 マハラノビス距離について述べた文章として最も不適切な選択肢を1つ選べ。

A   2点間の物理的な距離（遠さ）を表す
B   2変数間の相関を加味した距離である
C   異常検出に多く利用される
D   2変数間の共分散行列が単位行列のとき、ユークリッド距離と同じになる

Answewer

答え合わせ

問1 正解：（ア）B、（イ）C

解説

A 分類統計学は、データを複数のクラス（グループ）に分類することを目的とします。

B 記述統計学は、手元にあるデータの特徴をとらえます。（ア）の答えになります。

C 推計統計学は、データの背景にある母集団の特徴をとらえます。そのため、（イ）の答えになります。

D 推論統計学は、一般的に使われる言葉ではありません。

問2 正解：C

解説

平均点65点から前後17.8点（標準偏差）の間に全体の約68%が存在します。

問3 正解：A

解説

A ○ 右上がりのグラフが正の相関のため、答えになります。

B × 左下がりのグラフは、負の相関です。

C × 強い相関がないグラフです。

問4 正解：（ア）B、（イ）A

解説

A 事後確率は、観測されたデータからそれを引き起こした原因の確率を求めます。（イ）の答えになります。

B 事前確率は、ある事象の発生しやすさを指します。（ア）の答えになります。

C 確率分布は、確率変数に対してそれぞれの値をとる確率を表したものです。

D 確率関数は、一般的に使われる言葉ではありません。

問5 正解：B

解説

6が出るのは6通り（[1 , 5], [2 , 4], [3 , 3], [4 , 2], [5 , 1]）、うち3が出るのは1通り（[3 , 3]）のため、答えは1/5。

問6 正解：（ア）B、（イ）A、（ウ）D

解説

設問は、コインの表を「1」、裏を「0」として、二項分布B(5, 0.5)と捉えることができます。二項分布の式に当てはめると確率、平均、分散は以下のとおりです。

確率：$P (X = 3) = {}_5C_3 \cdot 0.5^3 (1 - 0.5)^{5-3} = 0.3125$

平均：$E (X) = 5 \cdot 0.5 = 2.5$

分散：$V (X) = 5 \cdot 0.5^3 = 0.625$

問7 正解：（ア）A、（イ）C、（ウ）C

解説

設問は、ポアソン分布Po(λ)に従うため、ポアソン分布の式に当てはめて計算できます。まず、$\lambda = np = 100 \cdot 0.02 = 2$を求めます。そして確率、平均、分散は以下のとおりです。

確率：$P (X = 1) = 2^1 e^{-2} / 1! = 2e^{-2} = \dfrac{2}{e^2}$

平均：$E (X) = 2$

分散：$V (X) = 2$

問8 正解：A→B→D→C

解説

情報量を表す単位は、以下のとおりです。

単位	読み	情報量
PB (Peta Byte)	ペタバイト	10^{15}B
EB (Exa Byte)	エクサバイト	10^{18}B
ZB (Zetta Byte)	ゼッタバイト	10^{21}B
YB (Yotta Byte)	ヨタバイト	10^{24}B

解説

（ア）　指数関数は、a>0 かつ a≠1 のとき「y＝aˣ」で表される関数です。確率
　　　　密度関数は、連続型確率変数がある値xをとる確率密度を関数にしたもので
　　　　す。尤度関数は、結果から前提条件が何であったかを推測し、その「尤もら
　　　　しさ」を関数にしたものです。対数関数は、$\log_a x$の形で表され、aを底と
　　　　するxの対数関数といいます。

（イ）　より確率の低い事象の方が、自己情報量は大きくなります。そのため、確率
　　　　50％の事象よりも確率10％の事象の方が、自己情報量は大きくなります。

（ウ）　100％で起きる事象は、事象が発生する前から結果が明確なため、事象の発
　　　　生を知ることにより得られる情報量はゼロになります。

解説

（ア）　エントロピーは、事象の確率に偏りのある方が低くなります。逆に、すべて
　　　　の事象が等確率のとき、エントロピーは最大となります。

（イ）

A　×　マルコフ情報源は、事象の発生確率が以前の事象に影響される情報源を指し
　　　　ます。例えば、天気は数時間前の天気に影響を受けるため、マルコフ情報源
　　　　にあたります。

B　×　尤度関数は、結果から前提条件が何であったかを推測し、その「尤もらしさ」
　　　　を関数にしたものです。

C　○　相互情報量は、2つの確率変数がどの程度関連を持つかを数値化したもので
　　　　す。（イ）の答えになります。

D　×　確率密度関数は、連続型確率変数がある値xをとる確率密度を関数にしたも
　　　　のです。

問11 正解：D

解説

$$\binom{2}{3} - 3\binom{5}{1} = \binom{2}{3} + \binom{(-3)\cdot 5}{(-3)\cdot 1} = \binom{2+(-15)}{3+(-3)} = \binom{-13}{0}$$

問12 正解：（ア）A、（イ）D

解説

$$AB = \begin{pmatrix} 3 & 2 & -1 \\ -1 & 0 & 1 \end{pmatrix} \cdot \begin{pmatrix} 1 & 5 \\ 0 & 4 \\ -1 & 0 \end{pmatrix}$$

$$= \begin{pmatrix} 3\cdot 1 + 2\cdot 0 + (-1)\cdot(-1) & 3\cdot 5 + 2\cdot 4 + (-1)\cdot 0 \\ (-1)\cdot 1 + 0\cdot 0 + 1\cdot(-1) & (-1)\cdot 5 + 0\cdot 4 + 1\cdot 0 \end{pmatrix}$$

$$= \begin{pmatrix} 4 & 23 \\ -2 & -5 \end{pmatrix}$$

$$BA = \begin{pmatrix} 1 & 5 \\ 0 & 4 \\ -1 & 0 \end{pmatrix} \cdot \begin{pmatrix} 3 & 2 & -1 \\ -1 & 0 & 1 \end{pmatrix}$$

$$= \begin{pmatrix} 1\cdot 3 + 5\cdot(-1) & 1\cdot 2 + 5\cdot 0 & 1\cdot(-1) + 5\cdot 1 \\ 0\cdot 3 + 4\cdot(-1) & 0\cdot 2 + 4\cdot 0 & 0\cdot(-1) + 4\cdot 1 \\ (-1)\cdot 3 + 0\cdot(-1) & (-1)\cdot 2 + 0\cdot 0 & (-1)\cdot(-1) + 0\cdot 1 \end{pmatrix}$$

$$= \begin{pmatrix} -2 & 2 & 4 \\ -4 & 0 & 4 \\ -3 & -2 & 1 \end{pmatrix}$$

問13 正解：A、B、C

解説

正規化はアフィン変換に含まれません。

問14 正解：B

解説

まず、$y = 2x^3 - 3x + 5$をxで微分すると、$y' = 6x^2 - 3$となります。ここに、x=2を代入すると、$6\cdot 2^2 - 3 = 21$となります。

問15 正解：(ア) A、(イ) C

解説

　今回の場合xで微分するため、x以外の変数は単なる数字とみなしzを微分します。$-5y^2, +4y, -3$は定数とみなし、残りの$x^2 + 6x$をxで微分すると、2x+6となります。同様に、yの偏微分は、-10y+4となります。

問16 正解：A

解説

　日常的に使われている「距離」は、ユークリッド距離といわれ、2点間の物理的な遠さを指しています。これに対し、マハラノビス距離は、2変数間の相関を加味した距離になります。例えば、身長と体重は相関があります。160cm、55kgの人と180cm、70kgの人は同じような体型になります。2人の身長と体重は異なりますが、体型は近いのです。この「体型が近い」を測る指標として、マハラノビス距離が使われます。

　また、マハラノビス距離は2変数間の相関を加味した指標であるため、異常検知に利用されます。例えば、160cm、150kgの人は異常値（太り過ぎ）でしょう。この人は、マハラノビス距離で測ると「遠い」と表現されます。このように「マハラノビス距離が遠い＝異常値」として検知に利用できます。

機械学習

機械学習の基礎

機械学習にはどのような種類があり、それぞれどの
ような特徴があるか説明できるようにしましょう。
また、それぞれの種類ごとに、どのような手法があ
るのか理解しましょう。

Navigation

要点をつかめ！

ADVICE!

学習アドバイス

機械学習の4つの種類があり、それぞれどのような特徴があるのか説
明できるようにしましょう。

キーワードマップ

- ●機械学習
  - ├ 教師あり学習
    - ├ 二値分類
    - └ 多クラス分類
  - ├ 教師なし学習
  - ├ 半教師あり学習
  - └ 強化学習

出題者の目線

- ●機械学習の種類（教師あり学習、教師なし学習、半教師あり学習、強化学習）
  とその説明文の対応付けの問題が過去に出題されています。

Lecture　　　　詳しく見てみよう

1　機械学習の基礎

(1) 機械学習とは

　機械学習とは、「コンピュータにデータを学習させ、データに潜むパターンを発見し、予測させること」です。

　この機械学習には、入力データの与え方の違いにより、以下の4つの種類があります。

- ・教師あり学習
- ・教師なし学習
- ・半教師あり学習
- ・強化学習

　次項からそれぞれの特徴を説明します。

2　機械学習の種類

(1) 教師あり学習

　教師あり学習とは、入力データと正解データが対応付けされた教師データをコンピュータに与えることで、機械学習のモデルを学習させていく手法です。学習したモデルを使うことにより、与えられたデータ（入力）をもとに、そのデータがどのようなパターン（出力）になるかを予測・識別することが可能となります。

　教師あり学習には、予測する出力値の形式の違いにより2つの種類があります。

種類	出力値の形式	例
回帰問題	連続値	過去の売上データをもとに、将来の売上金額を予測する
分類問題	カテゴリー（連続でない値）	動物の画像データをもとに、動物の種類を識別する

　分類問題は、出力値の構成の観点から、**二値分類**と**多クラス分類**に大別されます。

　二値分類は、「良品」「不良品」のように2つのクラスのどちらかを出力する手法です。

　多クラス分類は、「犬」「猫」「虎」「ライオン」のように複数のクラスのどれかを出力する手法です。

教師あり学習の代表的な手法とその手法の種類は以下のとおりです。

代表的な手法		種類	
		回帰問題	分類問題
線形回帰		○	×
ロジスティック回帰		×	○
サポートベクトルマシン		○	○
決定木		○	○
アンサンブル学習	ランダムフォレスト	○	○
	勾配ブースティング	○	○
ニューラルネットワーク		○	○
ベイジアン学習		○	○
クラスタリング	k近傍法（k-NN法）	○	○

(2) 教師なし学習

　教師あり学習では、教師データとして正解データを与えましたが、**教師なし学習**では、正解データを与えません。教師なし学習は、入力データの中の部分集合を見つけるなど、入力データの構造を理解するための手法です。

　教師なし学習には、主に２つの種類があります。

種類	説明	例	代表的な手法
次元削減	より少ない次元でデータを理解する	身長と体重のデータを元に、体格を認識する	・主成分分析 ・t-SNE法
クラスタリング	対象のデータをいくつかのクラスタ（似ているデータの集まり）に分類する	売上データとそれに紐づく顧客データから、どのような顧客クラスタがあるのか認識する	・k-Means法

(3) 半教師あり学習

　半教師あり学習とは、教師あり学習と教師なし学習の２つの手法を組み合わせたものです。教師データ（ラベル付きデータ）とラベルなしデータの両方を使用して学習します。

　基本的には以下の手順で学習します。

　①教師データ（ラベル付きデータ）を基に、教師あり学習で、分類器を作る
　②この分類器を使って、ラベルなしデータを分類し、信頼度が高いものにラベルを付ける

③新たにラベルを付けたデータも含めて、再度分類器を使って、ラベルなしデータを再度分類する

このようにラベルなしデータに次々とラベルを付けていきます。

少量の教師データ（ラベル付きデータ）しかないとしても、大量のラベルなしデータにラベルを付けることにより、モデル検出精度の向上が期待されます。

3
機械学習

(4) 強化学習

強化学習とは、ある環境の中でエージェントが得られる報酬を最大化するような行動を学習していく手法です。

例えば、テレビゲーム（環境）で、プレイヤー（エージェント）が、より高いゲームスコア（報酬）を得るための操作を求めて、コンピュータ自身が何度もプレイをし、より適切な操作（行動）を学習していきます。

強化学習は、自律走行ロボットの制御、プラントのパラメータ設定の最適化などで使用され始めています。

得点アップ講義

機械学習の種類（教師あり学習、教師なし学習、半教師あり学習、強化学習）と、それらの説明文との対応付けができるようにしましょう。

\POINT UP!/

2

教師あり学習

重要度：★★★

教師あり学習の具体的な手法とその特徴を理解します。

Navigation

要点をつかめ！

ADVICE!

学習アドバイス

教師あり学習の具体的な手法の特徴とキーワードを理解しましょう。

キーワードマップ

● 教師あり学習
- 線形回帰
- ロジスティック回帰
- サポートベクトルマシン (SVM)
- 決定木
- ランダムフォレスト
- 勾配ブースティング
- ナイーブベイズ
- k近傍法 (k-NN法)

出題者の目線

● 教師あり学習の具体的な手法の設計コンセプトや特徴を選ばせる問題が過去に出題されています。

Lecture　詳しく見てみよう

1　機械学習の代表的手法（教師あり学習）

(1) 線形回帰

線形回帰は、1つ以上の説明変数を使用して、連続値の目的変数を予測するための手法です。

説明変数とは、「目的変数の原因となっている変数」です。**目的変数**とは、「予測したい値」です。

1つの説明変数から目的変数を求める方法を**単回帰分析**といいます。

単回帰分析のモデルは、以下の数式で表されます。

$$y = w_0 + w_1 x$$

yが目的変数、xが説明変数、w_0、w_1は係数です。

2つ以上の説明変数から目的変数を求める方法は、**重回帰分析**といいます。

さっそく、単回帰分析の例を見てみましょう。

体重と身長のデータを散布図として描写し、次に、線形回帰によるモデル化を行うと以下の図のような直線が得られます。

▼図3.1　体重と身長の関係

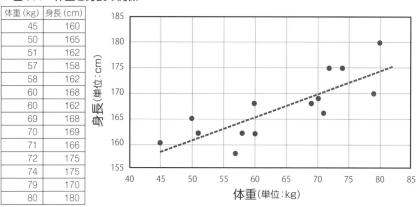

体重 (kg)	身長 (cm)
45	160
50	165
51	162
57	158
58	162
60	168
60	162
69	168
70	169
71	166
72	175
74	175
79	170
80	180

この直線は、以下の数式となります。

$$y=0.4643x+137.43$$

これを使うと体重60kgの人は、一般的に身長約165cmということが予測されます。

(2) ロジスティック回帰

ロジスティック回帰は、いくつかの説明変数から、ある事象の発生する確率を求める手法です。ロジスティック回帰は、ある事象が起こる／起こらないという二値分類、3種類以上のクラスに分類する多項分類に使えます。

名前に「回帰」と付いていますが、回帰問題ではなく、分類問題に使う手法であることに注意してください。

二値分類のロジスティック回帰では、**シグモイド関数**を出力に使うことにより、出力値が0～1の間に収まるように**正規化**します。そのため、出力値を事象の発生する確率として使用することができます。

▼図3.2　シグモイド関数

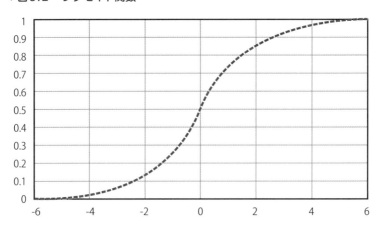

多項分類のロジスティック回帰では、**ソフトマックス関数**の出力を使うことにより、各クラスの出力値の合計が1になるように正規化します。

また、説明変数の重みの算出には、**尤度関数**を用いています。

例えば、以下のような分類問題に使用されます。

・飲酒量、喫煙量、身長、体重から、健康か、不健康かを予測する（二値分類）。
・身長、体重から服のサイズ（S、M、L）を予測する（多項分類）。

(3) サポートベクトルマシン

　サポートベクトルマシンは、データ集合を分類するための手法です。サポートベクトルマシンでは、データを分類するための境界線とデータの最短距離をマージンとし、この**マージンを最大化**（マージン最大化）することで、値を分類するのに良い決定境界線を求めます。

　マージンとは、学習データのうち最も決定境界線に近いものと、決定境界線との距離です。

▼図3.3　マージン最大化

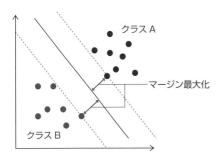

　マージンの内側にデータが入ることを許容しないことを**ハードマージン**と呼びます。一部のデータがマージンの内側に入ることを許容することを**ソフトマージン**と呼びます。ソフトマージンで、一部の誤分類を寛容にするために**スラック変数**を使います。

▼図3.4　ハードマージンとソフトマージン

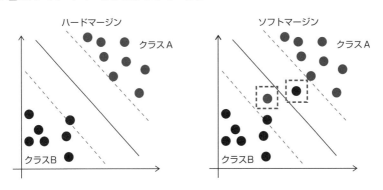

　サポートベクトルマシンには、決定境界が線形の線形サポートベクトルマシン、

決定境界が非線型の**カーネル法**のサポートベクトルマシンがあります。カーネル法で、高速に計算するために、計算量を大幅に削減する方法を**カーネルトリック**と呼びます。

(4) 決定木

決定木は、条件分岐によって分割していくことで分類問題などを解く手法です。

▼図3.5　温度・湿度によるビールの売上への影響

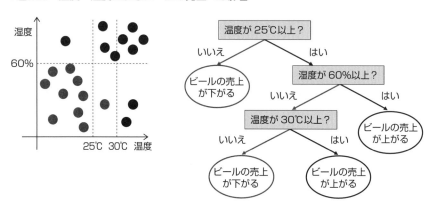

　決定木の条件分岐は、**情報利得の最大化**という考え方を用いて求められます。
　情報利得の最大化とは、データ分割の前後で比較して、最もデータを綺麗に分割できる条件を求めるための方法です。
　決定木は、条件分岐が可視化されるため分析結果を説明しやすく、データの前処理が少なく済むため使いやすく、実務でも好んで使用される手法です。

(5) アンサンブル学習

　アンサンブル学習は、性能の低い学習器（弱学習器）を組み合わせて、性能の高い学習器を作る方法です。学習器は、データから分類・予測などの機械学習モデルを学習するためのアルゴリズムです。弱学習器とは、単独では精度の低いアルゴリズムのことです。弱学習器を代表するアルゴリズムは決定木です。
　アンサンブル学習の種類として、「バギング」と「ブースティング」があります。

●バギング

　バギングは、弱学習器を並列に学習させて組み合わせる手法です。
　元データから、重複を許してランダムにデータを取得（ブートストラップ）し、並列に学習して、多数決で分類結果を出力します。

▼図3.6　ブーストラップ手法概要

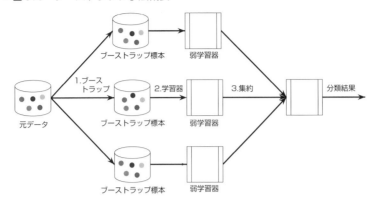

　「バギング」の代表的な手法として、**ランダムフォレスト**があります。「ランダムフォレスト」は、弱学習器として決定木を使い、複数の決定木を使うことで精度向上を図ります。

●ブースティング
　ブースティングは、弱学習器を順番に学習させて組み合わせて強くしていく手法です。前の学習器が誤分類したデータを優先的に正しく分類できるように学習していきます。

▼図3.7　ブースティング手法概要

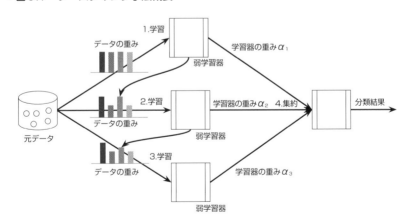

　「ブースティング」の代表的な手法として、**AdaBoost**と**勾配ブースティング**があります。
　両手法とも、弱学習器として決定木を使用します。AdaBoostはランダムフォレストと異なり、各弱学習器の学習にはデータセットの一部ではなくデータセット

全体を使います。弱学習器を学習した後、誤分類されたデータ点が大きくなるようにデータセットを修正することで、後続の弱学習器がそれらのデータ点に注意を払うようにします。

　勾配ブースティングは、弱学習器として一般的には決定木を使うという点はAdaboostと同じですが、決定木の深さは1に制限されません。弱学習器で予測した値と正解の誤差を求め、その誤差を小さくしていく手法です。勾配ブースティングを高速に実行できるようにC++で開発したXGBoostが有名です。

(6) ニューラルネットワーク

　ニューラルネットワークは、動物の神経システムを模倣した学習モデルの総称です。

　ニューラルネットワークは、回帰問題、分類問題の両方に適用できますが、分類問題によく使われます。

　ニューラルネットワークは、以下のような複数の層を持つ構造になっています。

　入力層は、入力されたデータそのものを持ちます。

　出力層は、分類問題の場合には、その分類ラベル数分の出力があり、出力値は各ラベルの確率を意味します。

　隠れ層は中間層とも呼ばれ、この隠れ層を積み重ねることで、複雑な決定領域を学習できます。

▼図3.8　ニューラルネットワーク　イメージ

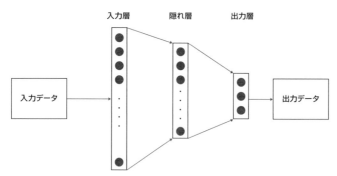

(7) ベイジアン学習

　ベイジアン学習は、条件付き確率を使用した機械学習アルゴリズムで、ベイズの定理を利用して結果から原因を推論することが特徴です。スパムメールフィルタやＥＣサイトのレコメンデーションなど、実社会の様々な場所に活用されています。

●ベイズの定理

　ある条件Aのもとで、事象Bが起こる確率（条件付き確率または事後確率）を P(B|A)と表すと、事象Bが起こったときに条件Aであった事前確率P(A|B)は、次の ように表せます。これを**ベイズの定理**といいます。

$$P(A|B) = \frac{P(B|A) \cdot P(A)}{P(B)}$$

　上の式は「原因の確率」を推算する式であり、ある結果を導く原因を推論するた めに様々な用途で用いられています。

●尤度

　あるデータが与えられたとき、どのような確率分布が最もよくデータの分布を表 すかをベイズの定理を用いて推定するとします。そのとき、確率分布の尤（もっと） もらしさを表す指標を**尤度（ゆうど）**といいます。尤度は、尤度関数を用いて計算さ れます。尤度関数は、条件付き確率と紐づいた関数のため、負の値はとらず、積分 すると1になります。ただし、確率密度関数とは別の概念です。尤度関数を最大化 するパラメータを推定する手法を**最尤法（Method of maximum likelihood）**と いいます。最尤法は1922年にロナルド・フィッシャーが論文で初めて使用した用語 です[1]。

●ナイーブベイズ分類器（ベイジアンフィルタ）

　ナイーブベイズ分類器は、別名単純ベイズ分類器と呼ばれ、事象同士が独立であ ると仮定した条件付き確率のモデルです。**ナイーブベイズ分類器**は、シンプルで処 理が高速なので、文書分類やメールのスパムフィルタなどに広く用いられています。 一方で、単純なモデルで単語間の意味関係は処理できないため、精度が高くないと も指摘されています。

●ベイジアンネットワーク

　ベイジアンネットワークは、原因と結果の複数の組み合わせを有向グラフで可視 化した確率モデル（グラフィカルモデル）の1つです。1985年に**ジュディア・パール** によって命名されました[2]。パールは、この功績によりチューリング賞を受賞して います。

▼図3.9　単純なベイジアンネットワークの例

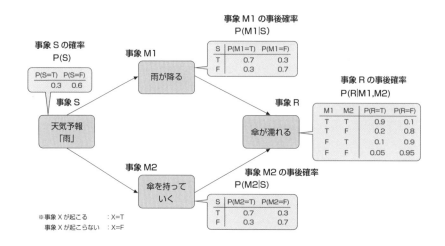

　図3.9に単純なベイジアンネットワークの例を示します。この例では事象S（天気予報が「雨」になる）、事象M1（雨が降る）、事象M2（傘を持っていく）、および事象R（傘が濡れる）の確率的な因果関係を説明しています。ベイジアンネットワークは、各ノードが**マルコフ性**を満たす、つまり各ノードの状態が条件付き独立であることで、計算を大幅に簡略化できます。

　ベイジアンネットワークは様々な原因と結果を推測することが可能であり、客観的事実だけでなく、個人の意志や仮定などの主観的な情報も対象にできるので、適用範囲が広いアルゴリズムです。コンピュータの計算能力向上により多数のノードを持つベイジアンネットワークの確率推論が可能になり、近年研究と活用が活発に進んでいます。

(8) 時系列分析

　時系列分析は時間軸に沿ってデータを分析する技術です。過去のデータから将来のデータを予測する場合、回帰分析が用いられることが多いのですが、時間に対する依存性のあるデータや、周期性があるような時系列データでは、回帰分析で高い精度が出ないケースが多くなります。この場合は、時系列分析が有用なツールとなります。

●自己相関

　ある時点の変数が、過去の自身の変数と相関関係にある場合、自己相関関係にあると呼び、その相関係数を**自己相関係数**と呼びます。自己相関の時間差を h とした

場合、ラグhの**自己相関**と呼びます。

●定常性

　y_iをある時点のデータとして時系列データ$\{y_1, y_2, y_3, \dots, y_t, \dots, y_n\}$を考えたとき、データ$y_t$は、その時点での確率分布を持つ確率変数$Y_t$に属していると考えることができます。この確率変数列$\{Y_1, Y_2, Y_3, \dots, Y_n\}$が下記の3つの条件を満たすとき、**(弱)定常性**を持つといいます。

　　①平均が一定　$E(Y_t) = \mu$
　　②分散が一定　$Var(Y_t) = \gamma_0$
　　③自己共分散がラグhのみに依存　$Cov(Y_t, Y_{t-1}) = \gamma_h$

　定常性を持つとき、ラグhの自己相関係数をϕ_hとすると、$\phi_0 = 1$、$|\phi_h| < 1$となります。

●MA(Moving Average：移動平均)モデル

　1次の**MAモデル**は、現在のホワイトノイズとラグ1のホワイトノイズに重みづけしたもので構成されています。ホワイトノイズとは、全周波数にわたって同じ強度のノイズを意味します。

●AR(Autoregressive：自己回帰)モデル

　過去の自身の値を入力の変数としたモデルで、**自己回帰モデル**と呼びます。自己回帰モデルではラグを次数と呼びます。1次の自己回帰モデルは、AR(1)モデルと表記します。

●ARMA(Autoregressive and Moving Average：自己回帰移動平均)モデル

　MAモデルとARモデルを組み合わせたモデルになります。

●ARIMA(Autoregressive, Integrated and Moving Average, 自己回帰和分移動平均)モデル

　ARIMAモデルは、時系列の階差に対してARMAモデルを適用したものになります。

(9) クラスタリング

　教師あり学習における分類法で知られているものは、**k近傍法（k-Nearest Neighbor：k-NN法）** があります。k近傍法と、k-Means法（K-平均法）とは別物だということに注意してください。

●k近傍法（k-NN法）

　k近傍法 は、あらかじめクラス分けされた教師データをもとに、新しいデータのクラスを最も近いk個データのクラスから多数決で分類する手法です。
　図3.10にk近傍法のイメージを示します。

▼図3.10　k近傍法のイメージ

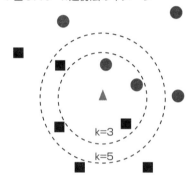

　あらかじめ与えられたデータは、赤い丸と、黒い四角になります。ここに新たなデータである灰色の三角が、丸と四角のどちらに分類されるかを予測します。k=3で予測する場合は、赤い丸が2つ、黒い四角が1つなので、灰色の三角は赤い丸に分類されます。一方、k=5の場合は、赤い丸が2つ、黒い四角が3つなので、灰色の三角は黒い四角に分類されることになります。
　k近傍法のメリットは、アルゴリズムが単純でわかりやすいことです。欠点は、次元の数が大きいと類似度の距離が測りにくく、適用が難しくなることです。
　アイテムのレコメンデーションや、機械の故障などの異常値検出に使われます。

得点アップ講義

\\POINT UP!/

ロジスティック回帰、サポートベクトルマシン、決定木とランダムフォレストの設計コンセプト、特徴を理解してください。また、k近傍法と、k-Means法の違いも理解してください。

Theme 3 教師なし学習

重要度：★★★

学習データに出力すべき「正解」が含まれていない状態で学習するものを「教師なし学習」(unsupervised learning) と呼びます。教師なし学習の目的は、入力データから構造やパターンを学習して、入力データの次元を圧縮したり、データを分類したりすることです。

Navigation

要点をつかめ！

ADVICE!

学習アドバイス

教師なし学習の次元圧縮、クラスタリング、レコメンデーションの典型例を覚えましょう。また、k-Means法とk近傍法の違いをしっかり理解しましょう。

キーワードマップ

- ●教師なし学習
  - ― 次元圧縮
    - ― 主成分分析
    - ― t-SNE法
  - ― クラスタリング
    - ― k-Means法
    - ― ウォード法
  - ― レコメンデーション
    - ― 協調フィルタリング
    - ― コンテンツベースフィルタリング
  - ― トピックモデル
    - ― 潜在的ディリクレ配分法 (LDA)

出題者の目線

●主成分分析、k-Means法の基本的な概念理解や、関連する用語に関する問題がよく出題される傾向にあります。

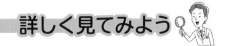

1 次元圧縮

次元圧縮は、データの次元を圧縮することによって、データの構造を見やすくしたり、機械学習の計算量を軽減して計算スピードを向上させたりする手法です。代表的な手法に、主成分分析（Primary Component Analysis, PCA）、t-SNE法があります。

(1) 主成分分析（Primary Component Analysis, PCA）

主成分分析は、相関のある複数の変数を、ばらつきの方向と大きさに着目し、より相関の少ない合成関数に変換して、データの次元を縮約する手法です。

わかりやすくするため、図3.11に2次元データの例を示します。このデータのばらつき（＝情報）は右肩上がりの方向が最も大きく見えます。

▼図3.11　2次元データの例

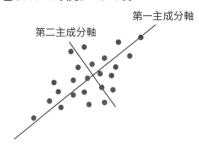

そこで、図3.11のように、この右肩上がりの方向の軸を第一主成分軸と定義し、直交する軸を第二主成分軸と定義します。この新しい軸にしたがって回転した図が図3.12になります。

▼図3.12　図3.11を回転した図

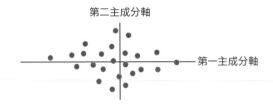

　この新たな軸は、このデータの情報をよく表していることになります。このように、データのばらつきの方向と大きさに着目した分析法が主成分分析です。次元圧縮をする際は、よりばらつきの小さい第二主成分軸方向の情報を削減し、第一主成分軸方向に圧縮します（図3.13）。

▼図3.13　2次元データを第一主成分軸方向に圧縮した例

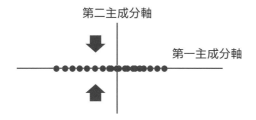

　こうすることにより、より多くデータの情報を残しつつ次元を削減することができます。このとき、主成分の寄与度を表すものを**主成分得点（主成分スコア）**、観測変数との相関を表すものを**主成分負荷量**もしくは**因子負荷量**といい、主成分分析の結果の評価に用いられます。

(2) t-SNE法

　t-SNE法は、高次元のデータを、自由度1のt分布を用いて2次元や3次元の低次元に圧縮する手法です。t-SNEの各文字は、それぞれ下記を表します。

　t：t分布
　S：確率的（Stochastic）
　N：隣接（Neighbor）
　E：埋め込み（Embedding）

　この手法で次元圧縮すると、離れたグループはより離れて配置されるため、クラスタリングしやすくなるという特徴があります。一方で、圧縮後の次元が4次元以上だとうまく働かない場合もあるため、2次元もしくは3次元が推奨されています。
　図3.14に主成分分析とt-SNE法による次元圧縮結果の比較例を示します。

▼図3.14　主成分分析（左）とt-SNE法（右）の次元圧縮結果の比較例

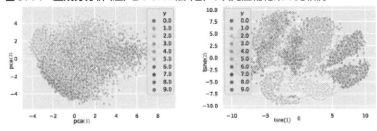

2　クラスタリング

　与えられたデータを自動でグループ分けする手法が**クラスタリング**です。非階層的なクラスタリングの代表的手法は**k-Means法**（またはK-平均法という）、階層的なクラスタリングの代表的手法は**ウォード法**です。

(1) K-Means法

　データをk個のクラスタに分け、各クラスタの重心に一番近い点をそのクラスタに分類しなおすということを繰り返して、データをクラスタリングする手法です。ここで重心とは、各データからの距離の二乗和が最小になる点を意味します。シンプルなアルゴリズムのため、広く用いられています。最適なkを見積もる方法としては、SSE（残差平方和）の減少量を見る**エルボー法**、クラスタ内のデータの凝集度を見る**シルエット法**が知られています。

▼図3.15　k-Means法の例（星印は各クラスタの重心）

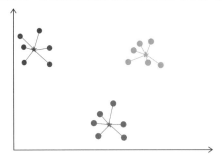

(2) ウォード法

　ウォード法は、データのばらつき（分散）が最小になるようにクラスタを作成する手法です。このクラスタの結合過程は一般的に**デンドログラム**（**樹形図**）で可視化されます。

　下記の図は、A〜Fのデータについて距離の近さからクラスタリングし、その結合過程をデンドログラムで可視化した例です。

　クラスターの作成はデンドログラムを水平(横)に切ることで行います。

　図3.16の点線①の位置で切断することによりクラスターは2つ(A、B、C、DとE、F)になります。

　図3.16の点線②の位置で切断することによりクラスターは3つ(A、BとC、DとE、F)になります。

▼図3.16　ウォード法によるデンドログラムのイメージ

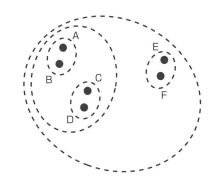
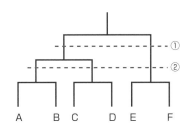

3　レコメンデーション

　レコメンデーション[3]は、複数の候補の中から価値のあるものを選び出し、利用者の意思決定を支援する方法です。例えば、ECサイトで利用者の購入履歴をもとに好みを分析し、関心がありそうな商品をおすすめする場合に活用されています。

　レコメンデーションの代表的な手法として、協調フィルタイングとコンテンツベースフィルタリングがあります。

(1)協調フィルタイング
　協調フィルタリングは、活動利用者と嗜好パターンが似ている利用者を見つけ、その似ている利用者が好むものを、活動利用者に推薦する方法です。

　例えば、本の趣味が似ている知り合いに、面白かった本を教えてもらうことがありますが、このようにほかの人との協調的な作業によって推薦対象を決める手法を協調フィルタリングと呼びます。

　協調フィルタリングは、活動利用者と嗜好パターンが似ている利用者を見つける必要があるため、新たにシステムを利用し始めた利用者については、嗜好パターン

の蓄積が少ないために、似ている利用者を見つけることが難しいという問題があります。これを**コールドスタート問題**といいます。

（2）コンテンツベースフィルタリング

コンテンツベースフィルタリングは、アイテムの性質と利用者の嗜好パターンを比較して、利用者が好むと判断したものを推薦する方法です。

例えば、本屋で、顧客（活動利用者）が読みたい本を店員が推薦する場合を考えてみましょう。好きな作家や好きなジャンルを顧客（活動利用者）に尋ねて、その条件に合ったものを選びます。このように、検索対象の内容（コンテンツ）を考慮して自動で選び出して推薦するので、コンテンツベースフィルタリングと呼びます。

4 トピックモデル

トピックモデルは、文書が何について記述されているかを推定するモデルです。k-meansやウォード法と同様にクラスタリングの一種ですが、データを1つのクラスタに分類するのではなく、複数のクラスに分類できます。

例えば、「東京オリンピックでは、フェンシングの剣の軌跡をAIと4Kカメラで可視化した」という文書の場合は、オリンピックやフェンシングの観点からはスポーツジャンルになりますが、AIや4Kカメラという観点からはテクノロジーのジャンルになります。

k-meansでは、スポーツジャンルもしくはテクノロジージャンルの一方に属することになりますが、トピックモデルでは、スポーツジャンルとテクノロジージャンルの両方に属することになります。

トピックモデルの代表的な手法として、**潜在的ディリクレ配分法（LDA）**があります。

得点アップ講義 \POINT UP!/

・主成分分析は次元圧縮によく使われる手法であること、主成分軸の選び方を押さえてください。
・k-Means法については、k近傍法がひっかけの選択肢として出題されることがあるので、違いをしっかり理解してください。

Theme

4 強化学習

重要度：☆☆☆

強化学習は、システムが試行錯誤しながら最適解を求める手法です。本節では、強化学習の基礎、強化学習のジレンマ、強化学習の代表的なアルゴリズムを紹介します。

Navigation

要点をつかめ！

学習アドバイス

ADVICE!

強化学習と、これまで紹介した学習の手法との違いを理解しましょう。また、ディープラーニングのどこで強化学習が使われているのか押さえておきましょう。

キーワードマップ

- ●エージェント、環境、報酬
- ●探索と搾取のジレンマ、バンディットアルゴリズム
    - ── ε-greedy方策
    - ── UCB方策
- ●価値関数、方策、モデル
- ●強化学習のアルゴリズム
    - ── 価値ベース：Q学習、DQN
    - ── 方策ベース
        - ── 方策勾配法：VPG、REINFORCE
        - ── Actor-Critic：Actor-Critic、A3C (asynchronous advantage Actor-Critic)
    - ── モデルベース

出題者の目線

- ●強化学習とは何かをしっかり理解しておきましょう。

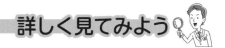
1 強化学習

(1) 強化学習の基本

強化学習は、端的にいうと「行動を学習するメカニズム」です。少し具体的に説明すると、「試行錯誤を通じて、得られる報酬の総和を最大化する行動を学習」します。

強化学習では、エージェント・環境・行動・報酬が与えられます。図3.17に示すように、エージェントは現在の環境を観測して次の行動を選択します。一度行動すると、環境から報酬が得られます。そして、得られた報酬をもとに、選択した行動の良し悪しを学習します。以後、このステップを繰り返します。

例えば、格闘ゲームのAIに置き換えるとイメージしやすいでしょう。ゲームキャラ（エージェント）が相手キャラとの距離を判断（観測）し、キック（行動）すると、相手キャラのライフが減る（環境から報酬）を得る、といった具合です。このとき、行動がパンチだと相手に届かず報酬が得られないかもしれません。様々な状況で様々な行動を試して、最適な行動を学習します。

▼図3.17 強化学習の概要

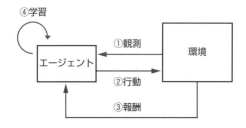

初回の行動で得られた報酬をr_1、2回目の行動で得られた報酬をr_2、…、とすると、報酬の総和は次の式で表せます。

$$r_1 + r_2 + r_3 + \cdots$$
$$= \sum_{k=1}^{\infty} r_k$$

そして、**割引率γ**を適用すると、次の式になります。割引率は、将来得られる報酬を現在価値に換算する率になります。金融などで用いられる割引率と同じ考え方

です。「将来100円もらえる」は「現在100円もらえる」よりも不確実であるため、その分割り引いて考えようというものです。

$$r_1 + \gamma r_2 + \gamma^2 r_3 + \cdots$$

$$= \sum_{k=1}^{\infty} \gamma^{k-1} r_k$$

ここで、強化学習の目的である「報酬の総和である価値を最大化」とは、上記の式の最大化を考えることと同義になります。

(2) マルコフ決定過程

一般的に強化学習では、**マルコフ性**が前提に置かれています。マルコフ性とは、「時刻tにおける状態をS_tとし、S_{t+1}に遷移する確率がS_1, …, S_tから決まるのではなく、1つ前の状態S_tのみによって定まる」という性質のことです。

本来であれば時間軸を考慮して、$S_1, ..., S_t$に影響を受けてS_{t+1}に遷移する確率が決まると考えられます。しかし、毎回S_{t+1}を算出するために$S_1, ..., S_t$を計算すると計算量が膨大になり、現実的な計算量ではなくなってしまいます。

そのため、マルコフ性を前提にすることで、複雑な時間軸を考慮する必要がなくなり、1つ前の状態S_tのみを考慮すればよくなります。なお、1つ前の状態S_tにはそれまでの$S_1, ..., S_{t-1}$が考慮されるため、再帰的に過去のすべての情報が考慮されていると考えられます。この状態遷移にマルコフ性を仮定したモデルを**マルコフ決定過程**といいます。

(3) 探索と搾取のジレンマ

強化学習において次の行動を決めるとき、探索と利用のジレンマが問題になります。探索は多くの情報を集めるように行動し、利用はいま持っている情報を元にして最大の報酬が得られる行動を取ろうとします。最終的に最も多くの報酬を得るためには、報酬が一時的に下がることを許容し、最大報酬が得られると考えられる行動以外を取って探索する必要があります。しかし、最大報酬が得られると考えられる行動以外を取って探索しすぎると、報酬が増えない状況が続きます。このようなことを、**探索と搾取のジレンマ**といいます。

(4) バンディットアルゴリズム

先ほどの「探索と搾取のジレンマ」のバランスを取る方法として、**バンディットアルゴリズム**があります。バンディットアルゴリズムとは、以下のような問題を解くために考えられたアルゴリズムです。

・選択肢はいくつかあり、各選択肢の報酬は事前にわからない

・限られた試行回数でできる限りいい選択肢を選び、トータルの報酬を最大化する

例えば、商品の広告を広告Ａ案、広告Ｂ案、広告Ｃ案のどれにすれば効果的か、いつ広告を流せば効果的か、といったことがあてはまります。広告の効果はやってみないとわかりませんし、資金も限られているため試行回数も有限です。

メジャーなアルゴリズムを紹介します。

● ε -greedy方策

単純な方策として **ε -greedy方策** が有名です。方策とは、エージェントの行動指針です。この方策ではステップごとに一定の確率 ε で探索 (ランダムな行動) を取り、残る確率 $1 - ε$ で活用 (いまわかっている中での最善手) を取ります。

ただし、ε -greedy方策は、最適な ε の定め方が難しいです。ε が大きすぎると最善手以外を選びすぎてしまいますし、ε が小さすぎると探索が少なくなりすぎます。

●UCB方策

「選択回数が少ない選択肢については、報酬を正確に計算できていない可能性がある」ことを考慮した方策が、**UCB方策** です。この方策では、選択回数が少ない選択肢の優先度を高くします。そうすることで、いまわかっている最善手を優先的に選ぶことに加えて、選択回数が少ない選択肢も優先的に選ぶようになります。

つまり、選択回数が少ない選択肢を選んだときは「探索」、そのほかの最善手を選んだときは「活用」と捉えられます。選択回数が少ないものほど選択されやすいため、探索と活用のバランスが取れているという考えです。

(5) エージェントの構成要素

エージェントの構成要素となる価値関数、方策、モデルについてを理解しましょう。

●価値関数

価値関数 は、状態 (エージェントが置かれている状況) の良し悪しを評価します。評価は関数で表され、価値関数には **状態価値関数** と **行動価値関数** があります。

状態価値関数:ある状態の価値のことです。ある状態から将来にわたって得られる報酬の累積を計算します。例えば、迷路の各位置の価値は以下の図のようなイメージです。ゴールの報酬を100として、ゴールに近いほど価値があるとみなしています。

▼図3.18　迷路における各位置の価値

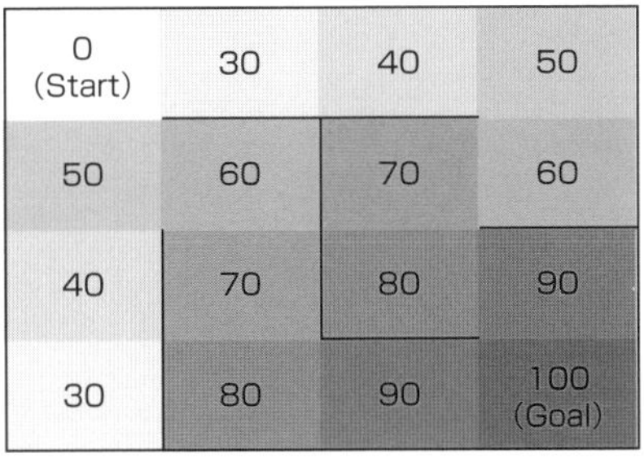

0
(Start)
30
40
50
50
60
70
60
40
70
80
90
30
80
90
100
(Goal)

行動価値関数：ある状態下で行動 a を取ったときの価値のことです。ある状態下で行動 a を取ったときに、将来にわたって得られる報酬の累積を計算します。先ほどの迷路の例にあてはめると、以下の図のようなイメージです。矢印が行動、数値が行動を取ったときの価値を表しています。

▼図3.19　各位置における行動を取ったときの価値

0
(Start)
→30　0←　→40　30←　→50　40←
50
60
0
50
→60　50←　→60　70←
40
70
80
50
60
70
→90　80←
30
80
100
40
70
→90　80←　→100
100
(Goal)

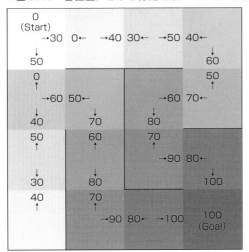

●**方策 (policy)**

　方策とは、エージェントの行動指針です。エージェントがどのような行動を選択するか、という戦略です。方策は関数で表され、1つ前の状態を入力として次の行動を出力します。一意な行動を出力する**決定的方策**と、行動の確率分布を出力する確率的方策があります。先ほどのε-greedy方策、UCB方策は**確率的方策**に該当します。

▼図3.20　ε-greedy方策

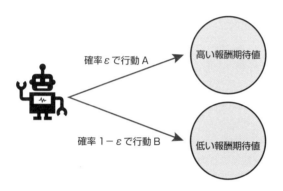

確率εで行動A

高い報酬期待値

確率$1-\varepsilon$で行動B

低い報酬期待値

●**モデル (model)**

　モデルは、環境の模型です。エージェントが行動する環境になります。「エージェントがモデルを持っている」とは、エージェントが次の環境、次の報酬を予測できることを指します。

▼図3.21　エージェントがモデルを持っていると、次の環境 (壁にぶつかる状態) を予測できる

2　強化学習のアルゴリズム

　強化学習のアルゴリズムには、複数のアプローチがあります。ここでは、基本的なアプローチ3つと、それぞれが利用されているアルゴリズムを紹介します。

　3つの基本的なアプローチとして、価値関数を最適化することで報酬の最大化を狙う**価値ベース**、方策そのものを直接学習するアプローチを**方策ベース**、環境モデルを利用する**モデルベース**、などについて解説します。

▼図3.22　価値ベースと方策ベース

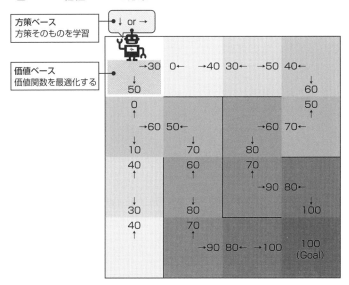

①価値ベース

　強化学習は累積報酬を最大にする方策を探すことがテーマですが、ε-greedy方策のように方策そのものを最適化することは困難です。そのため、方策そのものではなく、状態の良し悪しを判断する価値関数を最適化することで、報酬の最大化を狙うアプローチが考えられました。それが**価値ベース**と呼ばれます。

　価値ベースの手法として代表的なものに、**Q学習**があります。Q学習は、行動価値関数（すなわちQ値）を最大化するため、その名がつけられました。Q学習では、その行動を取ったら得られる報酬を推定することによって、可能な行動の中から最も状態行動価値の値Qが高い行動を選択することができます。**状態行動価値**とは、ある状態においてある行動を取ったときの価値のことです。

また、Q学習を応用したものにDeepMindが開発した**DQN（Deep Q-Network）**があります。**DQN**は、強化学習において行動価値関数の関数近似に畳み込みニューラルネットワークを用いた方法です。

②方策ベース

エージェントの方策そのものを直接学習するアプローチが、**方策ベース**です。方策ベースの中でも**方策勾配法**といわれる手法、**Actor-Critic**といわれる手法が有名です。

●方策勾配法

方策を、パラメータを含む関数で表現し、パラメータを学習することで、累積報酬が最大になるよう最適化するアプローチです。関数に勾配法を用いることから、この名が付いています。代表的なものにVPG（Vanilla Policy Gradient）や、**REINFORCE**があります。

●Actor-Critic

Actor-Criticは、方策ベースと価値ベースを組み合わせたアルゴリズムです。Actor-Criticは、方策を学習しながら価値関数も同時に学習します。行動を決めるActor方策を評価するCriticに由来して、名前が付けられています。また、Actor-Criticを応用したものに**A3C（asynchronous advantageActor-Critic）**があります。

③モデルベース

先ほど、環境の模型を「モデル」といいました。モデルは「環境モデル」ということもあります。強化学習において、エージェントがモデルを利用できる場合を**モデルベース**、利用しない場合を**モデルフリー**といいます。

モデルベースの学習は、モデルフリーに比べてサンプル効率が高いといわれており、Alpha Zeroで利用されています。

▼図3.23　モデルフリーとモデルベース

　以上、価値ベース、方策ベース、モデルベースにアルゴリズムを分類して説明しましたが、Actor-Criticのように複数のアプローチを組み合わせたものも存在します。そのため、「このアルゴリズムはこの分類」と明確に区別できないものもありますので、分類にとらわれすぎないようにしましょう。

3

機械学習

得点アップ講義

・強化学習のアルゴリズムは、次々と新しいものが登場します。そのため、文字だけで理解しようとすると混乱してしまいます。多くのアルゴリズムは全く新しいものではなく、それまでのアルゴリズムを改良や組み合わせたものがほとんどです。まずは、基本となるアルゴリズムを理解し、そこからどのように進化していったのかを押さえるようにしましょう。アルゴリズムが進化した整理図を書くと頭に入りやすいです。

問題を解いてみよう

問1　次の文章を読み、空欄に当てはまる最も適切な選択肢を選べ。

機械学習の種類には、データと正解ラベルをもとに学習し、未知のデータのラベルを予測する（ア）、正解ラベルデータを利用せずに学習し、データの構造を見出す（イ）、正解ラベル付きデータとラベルなしデータをもとに学習し学習精度向上を図る（ウ）、ある環境の中でエージェントが報酬を最大化するための行動を学習する（エ）がある。

A　強化学習
B　教師なし学習
C　教師あり学習
D　半教師あり学習

問2　線形回帰について最も適切な説明文を選べ。

A　条件分岐によって分割していくことで分類問題を解く手法
B　説明変数が変化したときの目的変数を予測するための手法
C　動物の神経システムを模倣した学習モデルの総称
D　マージンを最大化することで、値を分類するのによい決定境界線を求める手法

問3　次の文章を読み、空欄に当てはまる最も適切な選択肢を選べ。

ロジスティック回帰は、ある事象の発生する確率を求める手法です。
出力に（ア）を使うため、出力値が0〜1の確率になります。
重みの算出には、（イ）を使います。

(ア) に入る言葉は以下のどれか。

A ステップ関数

B シグモイド関数

C ReLU関数

D 恒等関数

(イ) に入る言葉は以下のどれか。

A 尤度関数

B 平均二乗誤差

C マージン最大化

D 情報利得の最大化

問4 次の文章を読み、空欄に当てはまる最も適切な選択肢を選べ。

サポートベクトルマシンは、(ア) する良い決定境界線を求めます。
決定境界線の設定時に、一部のサンプルの誤差に寛容であるために
(イ) を使います。
サポートベクトルマシンには、決定境界が非線型の (ウ) のサポート
ベクトルマシンがあります。
この (ウ) の計算量を大幅に削減する方法を (エ) といいます。

(ア) に入る言葉は以下のどれか。

A 情報利得を最大化

B 二乗和誤差を最小化

C マージンを最大化

(イ)(ウ)(エ) に入る言葉は以下のどれか。

A カーネル法

B スラック変数

C カーネルトリック

D ソフトマージン

問5　次の文章を読み、空欄に当てはまる最も適切な選択肢を選べ。

決定木の条件分岐は、（ア）によって求められます。
決定木を複数組み合わせて精度向上を図る手法は、（イ）です。

（ア）に入る言葉は以下のどれか。

A　　　情報利得の最大化
B　　　最小二乗法
C　　　マージンの最大化
D　　　シグモイド関数

（イ）に入る言葉は以下のどれか。

A　　　勾配ブースティング
B　　　ランダムフォレスト
C　　　SVM
D　　　ニューラルネットワーク

問6　次の文章を読み、空欄に当てはまる最も適切な選択肢を選べ。

アンサンブル学習は、（ア）を組み合わせて、精度を上げる手法です。
（イ）は、（ア）を並列に学習させて組み合わせる手法です。
（イ）の代表的な手法として、（ア）として決定木を複数使い精度向上
を図る（ウ）があります。
ブースティングの代表的な手法として、（エ）があります。

A　　　バギング
B　　　弱学習器
C　　　ランダムフォレスト
D　　　勾配ブースティング

問7 以下の文章を読み、空欄（ア）、（イ）に最もよく当てはまる選択肢を選べ。

文書分類には（ア）がよく用いられる。ここで（ア）のもととなる定理を表す式は（イ）である。

（ア）に入る言葉は以下のどれか。

A 複雑ベイズ分類器

B 単純ベイズ分類器

C カプラン・マイヤー推定器

D 線形回帰

（イ）に入る言葉は以下のどれか。

A $P(B|A)=P(A|B)P(B)/P(A)$

B $P(B|A)=P(A|B)/P(B)$

C $P(B|A)=P(A)P(B)/P(A|B)$

D $P(B|A)=P(A|B)/(P(A)P(B))$

問8 単位根過程について、正しい記述を選べ。

A 定常性があり、データの振る舞いから分析可能かどうかわかりやすい時系列データ

B 定常性があるが、データの振る舞いから分析可能かどうかわかりにくい時系列データ

C 非定常性であり、データの振る舞いから分析可能かどうかわかりやすい時系列データ

D 非定常性であり、データの振る舞いから分析可能かどうかわかりにくい時系列データ

以下の文章を読み、空欄(ア)に最もよく当てはまる選択肢を1つ選べ。

機械の故障などを検知するために用いられる異常検知の手法で、最も単純なものは、(ア)などを用いて外れ値を検出する方法である。

A   K-平均法
B   k近傍法
C   K-分散法
D   K-微分法

問10 以下の文章を読み、空欄(ア)～(オ)に最もよく当てはまる選択肢を選べ。

主成分分析は、(ア)のためによく用いられる(イ)の一手法である。第一の主成分は、(ウ)が最大である方向を選び、続く主成分はそれまでに決定した主成分と直交する方向を選ぶ。主成分分析の結果は、主成分ベクトルの寄与度を表す(エ)と、観測変数をどれだけ説明するかを表す(オ)で評価できる。

(ア)に入る言葉は以下のどれか。
A   時系列データから周期性を抽出する
B   多次元のデータを低次元に縮約する
C   ほかのデータとの近接度から異常値を検出する
D   全体のデータをよく説明するような特徴量を新たに抽出する

(イ)に入る言葉は以下のどれか。
A   教師なし学習
B   教師あり学習
C   強化学習
D   マルチタスク学習

（ウ）に入る言葉は以下のどれか。

A　　相関係数

B　　平均

C　　分散

D　　誤差

（エ）に入る言葉は以下のどれか。

A　　相関係数

B　　二乗誤差

C　　主成分得点

D　　主成分負荷量

（オ）に入る言葉は以下のどれか。

A　　相関係数

B　　二乗誤差

C　　主成分得点

D　　主成分負荷量

問11　　k-Means法について、正しい記述を選べ。

A　　簡単な分類器をランダムに組み合わせて分類する分類法

B　　あらかじめラベリングされたデータとの距離からデータを分類する分類法

C　　データの類似性に基づいてグルーピングする分類法

D　　条件付き確率を用いてデータを分類する分類法

問12 以下の文章を読み、空欄(ア)、(イ)に最もよく当てはまる選択肢を選べ。

サンプルの類似度をもとに、それらを複数のグループに分ける手法は(ア)と呼ばれ、マーケティングにおけるセグメンテーションなど様々な領域で広く用いられる。教師なし学習の(ア)の代表的な手法として(イ)がある。

(ア)に入る言葉は以下のどれか。

A　ロジスティック回帰
B　ベイジアン学習
C　クラスタリング
D　確率的勾配降下法

(イ)に入る言葉は以下のどれか。

A　主成分分析
B　k-Means法
C　エルボー法
D　ADAM

問13 t-SNEは、SNE (Stochastic Neighbor Embedding) の改良版であり、次元圧縮とデータの可視化によく使われる手法である。ここで、先頭のtは何を表すか、最も適切な選択肢を選べ。

A　横断 (traverse)
B　転置 (transpose)
C　t分布 (t-distribution)
D　遷移 (transition)

問14 ウォード法の説明として、最も不適切な選択肢を1つ選べ。

A　データの距離が最も近い2つのデータ（クラスタ）を選び、それらを1つのクラスタにまとめるという処理を繰り返す

B　クラスタにまとめる仮定をデンドログラム（樹形図）で可視化する

C　階層ありクラスタリングの1手法である

D　k-means法に比べ対象のデータ量が多いときに適した手法である

問15 以下の文章を読み、空欄に最もよく当てはまる選択肢を1つ選べ

（　）は、ECサイトなどで、利用者の行動履歴から、利用者と嗜好パターンが似ている利用者を見つけ、その利用者が好む商品などを推薦する手法である。

A　コンテンツベースフィルタリング

B　協調フィルタリング

C　ルールベースフィルタリング

D　距離ベースフィルタリング

問16 空欄（ア）に最もよく当てはまる選択肢を1つ選びなさい。

強化学習は、「行動して得られる報酬の総和を最大化する」ことが目的です。このとき、将来得られる報酬を現在価値に換算するために（ア）を適用します。

A　学習率

B　再現率

C　適合率

D　割引率

問 17 強化学習は、一般的にマルコフ性を前提として議論される。マルコフ性を説明する記述として最も適切な選択肢を1つ選べ。

A 将来の状態に遷移する確率は、現在と現在より前の過去に依存して定まる

B 将来の状態に遷移する確率は、現在の状態のみによって定まり、現在より前の過去に依存しない

C 将来の状態に遷移する確率は、現在、過去に依存せず不明確である

D 将来の状態に遷移する確率は、現在、過去に依存せずランダムに定まる

問 18 空欄 (ア) (イ) に最もよく当てはまる選択肢を選びなさい。

強化学習では、「探索と搾取のジレンマ」に向き合うことになるが、探索と搾取のバランスを取る方法として、(ア) の考え方が適用できる。(ア) の代表的な手法として、(イ) がある。

(ア) に入る言葉は以下のどれか。

A マルコフ決定過程

B Q学習

C バンディットアルゴリズム

D モデルベース

(イ) に入る言葉は以下のどれか。

A ε-greedy方策、UCB方策

B DQN、Double DQN

C VPG、REINFORCE

D Actor-Critic、A3C (asynchronous advantage Actor-Critic)

問19 次の文章の (ア)、(イ)、(ウ) の組み合わせとして、最も適切な選択肢を1つ選べ。

強化学習における価値ベースの手法として代表的なものに、Q学習がある。Q学習は、(ア) を最適化することで報酬の最大化を図るアプローチである。また、Q学習を応用したものに(イ)がある。(イ)は、Q学習に(ウ) を用いたものである。

A 行動価値関数、DQN、CNN
B 状態価値関数、VPG、CNN
C 行動価値関数、VPG、RNN
D 状態価値関数、DQN、RNN

問20 次の文章の (ア)、(イ)、(ウ) の組み合わせとして、最も適切な選択肢を1つ選べ。

強化学習において、「エージェントの方策を直接学習するアプローチ」を (ア) という。(ア) の中でも (イ) では、関数をパラメータで表現し、パラメータを学習することで累積報酬が最大になるよう最適化する。例えば、(ウ) は、(イ) の1つである。

A 価値ベース、Q学習、DQN
B モデルベース、Actor-Critic、A3C (asynchronous advantage Actor-Critic)
C 直接ベース、ε-greedy方策、UCB方策
D 方策ベース、方策勾配法、REINFORCE

問21 空欄（ア）に最もよく当てはまる選択肢を1つ選びなさい。

（ア）は、方策ベースと価値ベースを組み合わせたアルゴリズムである。

A ε-greedy方策、UCB方策

B DQN、Double DQN

C VPG、REINFORCE

D Actor-Critic、A3C (asynchronous advantage Actor-Critic)

答え合わせ

問1 正解：(ア) C、(イ) B、(ウ) D、(エ) A

解説

A エージェントが報酬を最大化するための行動を学習する手法なので、(エ) に当てはまります。

B 正解ラベルデータを使用しない手法なので、(イ) に当てはまります。

C データと正解ラベルをもとに学習する手法なので、(ア) に当てはまります。

D 正解ラベル付きデータとラベルなしデータをもとに学習する手法なので、(ウ) に当てはまります。

問2 正解：B

解説

A × 「決定木」の説明です。

B ○ 「線形回帰」の説明です。

C × 「ニューラルネットワーク」の説明です。

D × 「サポートベクトルマシン」の説明です。

問3 正解：（ア）B、（イ）A

解説

（ア）

A × ステップ関数は、閾（しきい）値を境に出力が変わる関数です。

以下のように入力値が0以下のときは出力値は0となり、入力値が0より大きいと出力値は1になります。

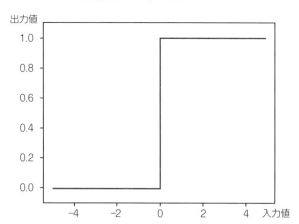

B ○ シグモイド関数は、出力が確率になります。

以下のように入力値が大きいほど出力値は1に近づき、入力値が小さいほど出力値は0に近づきます。出力値が0～1になるため確率とみなすことができます。

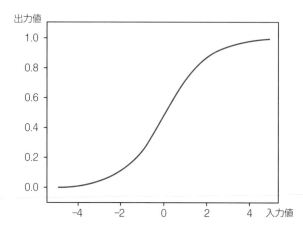

C × ReLU関数は、入力値が0以下のとき出力値は0になり、入力値が0より大きいとき入力値をそのまま出力します。

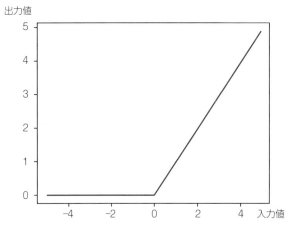

D × 恒等関数は、入力値と同じ値を、常にそのまま返す関数です。

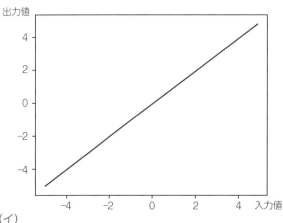

（イ）

A ○ 尤度関数は、ロジスティック回帰の重みを求めるために使用されます。

B × 平均二乗誤差は、線形回帰の重みを求めるために使用されます。

C × マージン最大化は、SVMの決定境界線を求めるために使用されます。

D × 情報利得の最大化は、決定木の条件分岐の算出で使用されます。

問4	正解：（ア）C、（イ）B、（ウ）A、（エ）C

解説

（ア）

A × 決定木にて、条件分岐を求める際に、情報利得の最大化の考え方を用います。

B × 線形回帰にて、二乗和誤差を最小化する係数を求めます。

C ○ サポートベクトルマシンは、マージンを最大化する決定境界を求める手法です。

（イ）（ウ）（エ）

A 初期の線形サポートベクトルマシンは、決定境界が直線となるため、ラベルの境界が曲線になっているようなデータを分類することが苦手でした。ラベルの境界が曲線になっているようなデータを、高次元空間へ拡張して、線形の識別を行う手法がカーネル法です。以下のように線形での境界線が難しい場合に、高次元に写像し線形での境界線を可能にしています。

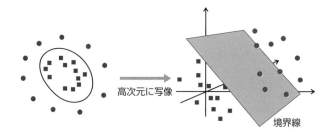

B サンプル値の誤差に寛容にするための工夫がスラック変数です。

C カーネル法の計算量を大幅に削減する手法がカーネルトリックです。

D ソフトマージンは、マージンの内側に値が入ることを許容する方法です。

問5	正解：（ア）A、（イ）B

解説

（ア）

A ○ 決定木では、情報利得の最大化という考え方を使って、データの条件分岐の基準を求めます。

B × 線形回帰の重みを求める方法です。

C × SVMの決定境界を求めるための考え方です。

D × ロジスティック回帰の出力などで確率を求めるための関数です。

（イ）

A × 勾配ブースティングは、ブースティングの代表的な手法です。

B ○ ランダムフォレストは、弱学習器として決定木を使い、複数の決定木を使うことで精度向上を図る手法です。

C × SVMは、決定木を使わない別の手法です。

D × ニューラルネットワークは、決定木を使わない別の手法です。

問6 正解：（ア）B、（イ）A、（ウ）C、（エ）D

解説

本章をご確認ください。

問7 正解：（ア）B、（イ）A

解説

（ア）

A × このような分類器は存在しません。

B ○ 単純ベイズ分類器は、文書の分類によく使われます。

C × カプラン・マイヤー推定器は、生存率推定で用いられるモデルです。

D × 線形回帰は予測に適した手法です。

（イ）

単純ベイズ分類のもととなる定理はベイズの定理であり、その確率モデルは、$P(B|A)=P(A|B)P(B)/P(A)$と表せます。よって正解は**A**です。

問8 正解：D

解説

単位根過程は、非定常な時系列ですが、データの振る舞いを見ただけでは、分析可能かわかりにくいデータになります。よって答えは**D**です。

問9 正解：B

解説

A × K-平均法は、教師なしでデータを分類する手法であり、異常値検出ではあまり使われません。

B ○ k近傍法は、教師ありでデータを分類する手法であり、異常値検出によく使われます。

C × K-分散法という手法は存在しません。

D × K-微分法という手法は存在しません。

問10 正解：（ア）B、（イ）A、（ウ）C、（エ）C、（オ）D

解説

（ア）主成分分析は、多次元のデータを低次元に縮約するときによく使用される手法です。よって、正解は**B**となります。

（イ）主成分分析は教師なし学習となります。よって正解は**A**となります。

（ウ）第一の主成分は、分散が最大の方向を選びます。よって正解は**C**になります。

（エ）および（オ）主成分分析の結果は、主成分の寄与度を表す主成分得点（主成分スコア）と、観測変数との相関性を表す主成分負荷量で評価できます。よって、正解はそれぞれ、空欄（エ）は**C**、空欄（オ）は**D**になります。

問11 正解：C

解説

k-Means法は、データの重心などから類似度を計算し、k個にグルーピングする分類法です。

よって正解は**C**です。

問12　正解：（ア）C、（イ）B

解説

（ア）サンプルの類似度をもとにデータをグループ分けする手法は、クラスタリングと呼ばれます。よって、答えは**C**です。

（イ）k-Means法は、教師なし学習によるクラスタリングの技法です。よって正解は **B**です。

問13　正解：C

解説

　t-SNEは、データ間の距離を表現するのに、ガウス分布ではなく、自由度1のt分布を用います。これが、t-SNEの名前の由来です。よって、答えは**C**です。

問14　正解：D

解説

　ウォード法を使ったデンドログラムでの可視化は、データ量が少ない場合に適した手法です。

　データ量が非常に多い場合は、計算量が多くなり実行が困難になったり、デンドログラムが巨大になり結果が不明瞭になるといった問題があります。

問15　正解：B

解説

　利用者の行動履歴をもとに、似ている利用者を見つける手法は協調フィルタリングです。コンテンツベースフィルタリングは、利用者ではなく、選ばれた商品をもとに似た商品を推薦する手法です。ルールベースフィルタリングは、利用者、商品によらずに、本日のおすすめなどルールをもとに推薦する手法です。距離ベースフィルタリングは存在しません。

問16 正解：（ア）D

解説

A ✕ 学習率：機械学習の学習時、一度の学習で「どのくらい重みを更新するか」というパラメータです。

B ✕ 再現率：予測結果と答えがどれくらい一致しているかを測る指標です。

C ✕ 適合率：陽性と予測したうち、どれだけ実際に陽性だったかを測る指標です。

D ◯ 割引率：正しい解答です。

問17 正解：B

解説

マルコフ性とは、「時刻tにおける状態を S_t とし、S_{t+1} に遷移する確率が S_1, ..., , ...S_t から決まるのではなく、1つ前の状態 S_t のみによって定まる」という性質です。

問18 正解：（ア）C、（イ）A

解説

（ア）

A ✕ マルコフ決定過程：状態遷移にマルコフ性を仮定したモデルをマルコフ決定過程といいます。

B ✕ Q学習：価値関数を最適化することで報酬の最大化を狙う価値ベースのアルゴリズムです。

C ◯ バンディットアルゴリズム：正しい解答です。

D ✕ モデルベース：強化学習において、エージェントがモデルを利用できる場合をモデルベースといいます。

（イ）

ε -greedy方策、UCB方策がバンディットアルゴリズムの代表的なアルゴリズムです。

ε -greedyは、一定確率 ε で探索（ランダムな行動）を取り、残る確率 $1 - \varepsilon$ で活用（今わかっている中での最善手）を取ります。UCB方策は、選択回数が少ない選択肢を優先的に選択します。

B、C、Dの選択肢は、関数を最適化することで最適な方策を模索するアプローチであり、直接探索と搾取のバランスを取るアルゴリズムではありません。

問19　正解：A

解説

本章の解説をご確認ください。

問20　正解：D

解説

本章の解説をご確認ください。

問21　正解：D

解説

Actor-Criticは、方策ベースと価値ベースを組み合わせたアルゴリズムです。A3C (asynchronous advantage Actor-Critic) は、Actor-Criticを応用したものです。

MEMO

第**4**章

機械学習の実装

1

実装の全体像・事前準備

機械学習の実装フローを理解します。また、実装に
おける準備について理解を深めましょう。機械学習
では学習するためのデータを集める必要があり、そ
のデータを準備することが大きな目的となります。

Navigation

要点をつかめ!

ADVICE!

学習アドバイス

以降の章では、機械学習のより具体的な内容になっていきます。
各章を読む際は、全体像の中でどのフローの話であるかを念頭にお
いて読み進めましょう。

キーワードマップ

実装の全体像

納得するまで「手法の選択」から繰り返し

事前準備
・データの準備
・手法の選択 → 前処理 → モデルの学習 → モデルの評価

詳しく見てみよう

1 実装の全体像

まず、機械学習における実装の全体像を理解しましょう。

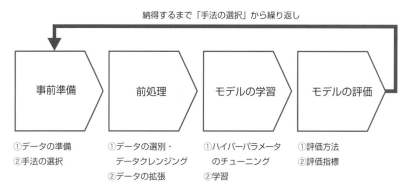

納得するまで「手法の選択」から繰り返し

事前準備 → 前処理 → モデルの学習 → モデルの評価

①データの準備
②手法の選択

①データの選別・
　データクレンジング
②データの拡張

①ハイパーパラメータ
　のチューニング
②学習

①評価方法
②評価指標

機械学習の実装は、いきなり開発から進めるのではなく、事前準備から始まります。学習に必要なデータを用意することはもちろんですが、その他にも学習アルゴリズムを選定するなどの検討が必要です。また、ディープラーニングを利用する場合は、モデルの設計というアルゴリズムの枠組みを学習の前に検討します。

また、学習によって得られるモデルの性能は、試してみなければわかりません。学習の結果、満足のいく性能が得られなかった場合は、その原因を検討し、前工程からやり直します。例えば、手法に原因があった場合は、「手法の選択」から学習を繰り返します。例えば、手法に原因があった場合は、「手法の選択」から学習を繰り返します。よりよいモデルができるように、アルゴリズムを変えるなど試行錯誤が必要です。

2 データの準備

(1) データの検討

機械学習で学習するデータは、どのようなデータでもよいわけではありません。作るサービスに応じたデータを集める必要があります。例えば、動物の写真から犬と猫を分類するアプリを作る場合、自動車の写真ばかり用意しても役に立ちません。また、学習の範囲を広げるために、同じ犬や猫の写真ではなく多種多様な写真を用意する方が好ましいでしょう。

(2) データの収集

すでにデータを保有している場合は、それを使えばよいでしょう。手元にデータがない場合は、自らデータを集めるか、ネットなどで提供されているデータセットを利用する方法があります。例えば、犬猫の写真であればKaggleの犬猫画像、手書き文字画像であればMNISTのデータセットが利用できるでしょう。ただし、学習対象が写っている画像なら何でもよいというわけではなく、学習に必要な情報が読み取れなければなりません。例えば、犬の犬種を判定するモデルを実装する際、収集したデータに犬種情報がなければ、訓練データとして利用できません。とはいえ、都合のよいデータを必要な量だけ揃えるのは容易ではないため、後述するデータクレンジングや、アノテーションなどの加工処理を行います。

また、収集データの選定にあたっては、データの分布にも注意するべきです。例えば、犬と猫を分類するモデルを実装する際、収集データでは犬の画像が多く、実際の運用では猫が多い場合、前提条件が異なっているため学習時と運用時で性能の差が出やすいでしょう。

そのため、データの収集時には、実際の運用時に取得されるデータとなるべく共通性の高いデータを集めることが重要です。また、実運用に出てくるパターンをできるだけ網羅すべきであり、パターンの網羅率が下がると、その分だけ学習の精度に限界が生まれることになります。

3 手法の選択

(1) 手法、学習方法、アルゴリズムの選定、モデルの設計

機械学習の手法を選定します。ディープラーニングを利用するのか、ディープラーニング以外の手法を選択することも検討します。作るサービスに応じて適した手法を選択すべきであり、ディープラーニングよりも、ほかの機械学習手法の方が適していると判断できる場合は、ディープラーニングに拘らずによりよいと判断できる手法を選択するべきでしょう。

また、ディープラーニングを利用する場合は、CNNなのか、RNNなのか、使うモデルも検討します。

※ CNNについては、後述の「6.1 畳み込みニューラルネットワーク」、RNNについては、後述の「6.2 再帰型ニューラルネットワーク」で詳しく説明します。

Theme 2 前処理

重要度：★☆☆

収集したデータは、そのまま使えるケースは意外と多くありません。例えば、名寄せ（重複データを集約する処理）のように何かしらの加工をすることがほとんどです。機械学習の実装でよく行われる前処理について理解します。

Navigation

要点をつかめ!

ADVICE!

学習アドバイス

前処理にて行われる処理は多岐にわたりますが、本章では代表的なものを挙げています。どういった処理があるのか、おおまかに理解しましょう。

キーワードマップ

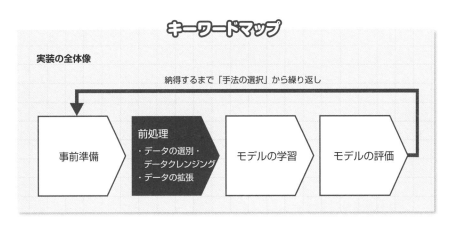

実装の全体像

納得するまで「手法の選択」から繰り返し

事前準備 → 前処理 ・データの選別・データクレンジング ・データの拡張 → モデルの学習 → モデルの評価

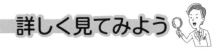

1 データの選別・データクレンジング

(1) データの選別・データクレンジングとは

　収集したデータからぼやけた画像など使えないデータを除き、使用するデータを選別します。そして、**データクレンジング**と呼ばれるデータを整える処理を行います。例えば、犬の画像データが【犬種、年齢、性別】となっているものと【犬種、性別、年齢】となっているものが混在していると処理に困りますから、データのフォーマットを揃える作業を行います。その他にも、自然言語処理のように日本語を利用する場合は、収集した日本語の文章を単語に区切る形態素解析という処理も行います。

▼データセット

犬種	年齢	性別
プードル	5	オス
柴犬	4	メス
チワワ	7	オス

犬種	性別	年齢
プードル	オス	5
柴犬	メス	4
チワワ	オス	7

(2) 特性スケーリング (Feature Scaling)

　特徴量の取りうる値の範囲（スケール）を変えることです。例えば、試験の点数を学習するとき、平均点が高い科目と低い科目に対して、点数を調整する処理が該当します。

　特性スケーリングを行うことで、学習の収束までの時間が短くなることや、モデルの性能向上が期待できます。主な特徴スケーリングを2つ紹介します。

正規化	データの値が0〜1などの指定範囲に収まるように、値を加工するテクニック。例えば、画像処理における色の濃さを調整する処理がある
標準化	データの平均が0、分散が1になるように、値を加工するテクニック

(3) アノテーション

　アノテーションは、収集したデータに意味付け（タグ付け）を与えるプロセスです。例えば、犬の画像に対して種別情報を付与する、口コミに対して良い評価／悪い評価のラベルを付与する、人の顔画像に対して目・鼻・口の位置をポイントする、などが挙げられます。

　このように、データに対して正しいタグ付けをすることにより、データから正確に情報を読み取ることができるようになります。正しいタグ付けを行うことが、モデルの学習精度の向上に直結します。

2 データの拡張

　学習データを増やすために、データの拡張をすることがあります。例えば、収集した犬の画像データは、拡大しても左右反転しても犬ですので、収集したデータを加工することで学習データを数倍に増やすことができます。

得点アップ講義

\\ POINT UP! //

データクレンジングや特徴スケーリング、アノテーションは以降の章でも登場する内容です。忘れてしまったり、理解が不十分な場合は、何度も読み返しましょう。

3

モデルの学習

データの準備ができるといよいよ学習です。
しかし、重みなどのパラメータは学習により
自動で更新されますが、学習前の初期値など、
学習によって更新されないハイパーパラメー
タは人がチューニングを行います。

Navigation

要点をつかめ!

学習アドバイス

ADVICE!

ディープラーニングに関する用語が多く出てきますが、それぞれの
用語の意味合いと、学習結果にどう影響するかを理解しておきま
しょう。

キーワードマップ

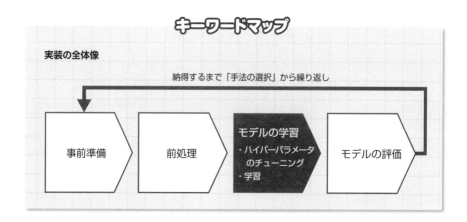

実装の全体像

納得するまで「手法の選択」から繰り返し

事前準備 → 前処理 → モデルの学習 ・ハイパーパラメータ のチューニング ・学習 → モデルの評価

出題者の目線

●ディープラーニングに関する用語を理解しているかが問われます。モデルの設
計者と会話ができるレベルの習熟度が求められます。

Lecture 詳しく見てみよう

1 ハイパーパラメータのチューニング

(1) ハイパーパラメータ

　機械学習において、学習時に更新するパラメータとは別に、学習前に予め決めておく値を**ハイパーパラメータ**といいます。

パラメータ	重み、バイアスなど学習によって更新されるパラメータ
ハイパーパラメータ	学習における初期値やモデルのニューロンの数など、学習に影響する学習前に予め決めておく値

　ハイパーパラメータは、絶対的な正解があるわけではなく試行錯誤しながら調整して決めていくものになります。パラメータは学習によって最適化されていきますが、ハイパーパラメータは人の感覚や経験による調整が必要になります。

　ハイパーパラメータは学習に大きな影響を与えますが、次のようなものが挙げられます。

(2) 学習率

　機械学習の学習時、一度の学習で「どのくらい重みを更新するか」というパラメータ。学習率を大きくすると学習が早く、収束までの時間が短くなりますが、発散する傾向が強くなります。一方、学習率が小さすぎると収束時の誤差は小さくなりますが、学習までにかかる時間が長くなります。

　ハイパーパラメータや学習率については、後述の章で改めて説明しています（詳細な説明は、「5.3 確率的最急降下法」をご参照ください）。

(3) パラメータの更新単位

　モデルの学習において、どのタイミングでパラメータを更新するのか、といった要素もハイパーパラメータとして学習前に決めておく必要があります。パラメータの学習単位を理解するために、バッチサイズ、イテレーション数、エポック数を押さえておきましょう。

●バッチサイズ：

バッチとは「束ねる」という意味があり、一般的に機械学習では訓練データ（「学習データ」と同義）をいくつかのデータセット（「サブセット」といいます）に分割し、分割したデータをひとまとめにして学習します（「バッチ処理」と言います）。この分割したデータセットに含まれるデータの数を「バッチサイズ」と呼びます。たとえば、1000件のデータセットを200件ずつのデータセットに分けた場合、バッチサイズは200となります。また、学習はバッチサイズ単位になります。先程の例では、200件で学習1回となります。

●イテレーション数：

訓練データに含まれるデータが少なくとも1回は学習に用いられるのに必要な学習回数です。先程の例では、すべての訓練データが学習に利用されるまでに1000件/200件＝5回の学習が必要となり、イテレーション数は5となります。

●エポック数：

すべての訓練データを学習すると1エポックといいます。先程の例では、5回学習すると、1エポックとなります。

バッチサイズ、イテレーション数、エポック数を図にすると次のようになります。

▼図4.1 バッチサイズ、イテレーション数、エポック数の関係性

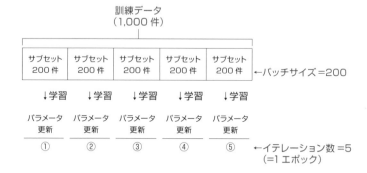

2 学習

訓練データとして入力データと正解が与えられたとき、正解と機械学習の予想結果とがなるべく近づくように重みを更新します。この処理を学習と呼びます。正解と予測の差は、次に説明する汎化誤差で測ります。汎化誤差が良い値となるように、ハイパーパラメータをチューニングします。

(1) 汎化誤差

　汎化誤差とは「未知のデータに対する予測と実際の差」をいいます。機械学習の目的は、未知のデータに対して正確に予測することです。つまり、訓練データに対してのみ的確な予想ができるのではなく、汎用的に使える予測モデルが求められます。

(2) 誤差関数

　誤差関数は、正解ラベルと予想の近さを評価します。誤差関数から得られる誤差をできるだけ小さくする重みを求めることが学習の目的です。つまり、学習は訓練データとの誤差を小さくするようにパラメータを更新することで、汎化誤差の最小化を図ります。

(3) 汎化誤差の種類

　汎化誤差は、バイアス、バリアンス、ノイズの3要素に分けることができます。

●バイアス：

　予測モデルと学習データとの差の平均を数値化したものです。予測モデルと学習データの差ですので、予測モデルが単純すぎる場合に大きくなります。

　下の図は、飲食店の売り上げをプロットしたものです。予測値を赤い線としたとき、予測が単純すぎるため、3月あたりでは予測と実際の差は小さいですが、10月では差が大きくなっています。これが「バイアスが大きな状態」であり、汎化できていないモデルといえます。

▼図4.2　バイアスが大きいケース

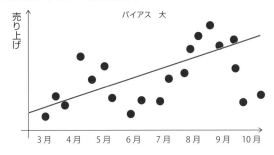

●バリアンス：

　予測モデルの複雑さを数値化したものです。バイアスとは反対で、予測モデルが複雑すぎる場合に大きくなります。イメージを図にすると、次のようになります。こちらもバリアンスが大きく、汎化できていないモデルといえます。

▼図4.3　バリアンスが大きいケース

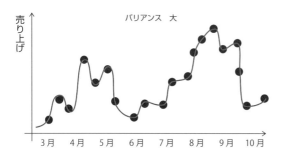

●ノイズ：

　削除不能な誤差であり、学習データ自体に余計なデータが混ざっている場合に大きくなります。

　予測モデルが単純すぎるとバイアスが増え、複雑すぎるとバリアンスが増えます。両者はトレードオフの関係があり、下図のようなバランスの取れたモデルを考える必要があります。このとき、バランスの良さを測る指標が汎化誤差であり、汎化誤差が小さくなるようにモデルを調整します。

▼図4.4　バイアス・バリアンスのバランスがよいケース

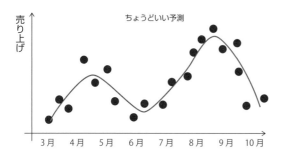

Theme 4 モデルの評価

重要度：★★★

モデルを作った後は、作ったモデルの性能を評価します。性能の評価は絶対的な指標があるものではなく、目的に適した指標を都度選んで評価します。

Navigation

要点をつかめ！

ADVICE!

学習アドバイス

各評価指標を理解するとともに、指標ごとの特徴を押さえましょう。目的に応じて適した指標が選べるように理解しましょう。

キーワードマップ

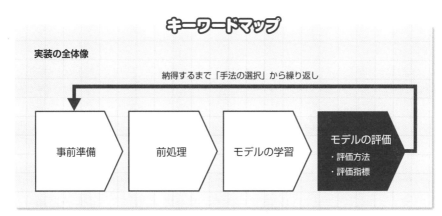

実装の全体像

納得するまで「手法の選択」から繰り返し

事前準備 ▷ 前処理 ▷ モデルの学習 ▷ モデルの評価
・評価方法
・評価指標

出題者の目線

● 評価指標の特徴を理解しているかを問う問題が過去に出題されています。また、簡単な計算を行い、性能を算出する問題も出題されています。

1 評価方法

(1) 交差検証

　機械学習においてデータを学習したあとは、学習したモデルの性能を評価する必要があります。モデルの評価は、未知のデータに対する予測精度を測ることになるため、学習データとは別のデータを用いることが望まれます。学習に用いるデータを訓練データ、性能評価に用いるデータをテストデータといいます。

　また、データの用意ですが、手元にあるデータを訓練データとテストデータに分けることが一般的です。このようにデータを分割して評価することを**交差検証**といいます。

　交差検証には、2種類あります。

(2) ホールド・アウト法

　学習前に訓練データとテストデータに分割する方法です。

全データ		

ホールド
アウト検証

訓練データ	テストデータ

(3) k-分割交差検証

　訓練データとテストデータの分割を複数回行い、それぞれで学習と評価を行う方法です。分割する数をkで表します。例えば、5つに分割する場合は5分割交差検証と言います。分割したデータについて、k回ホールド・アウト法による検証を行い、その平均をモデルの性能とする評価方法です。

▼図4.5　k-分割交差検証

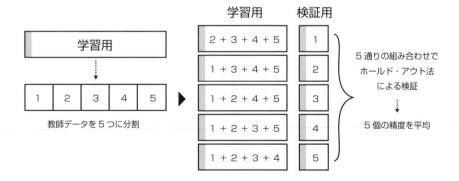

142

k-分割交差検証は、評価するという事を繰り返すことでテスト結果が平均化されるため、テストデータにデータの偏りがある場合も影響を受けにくいという利点があります。そのため、ホールド・アウト法よりも信頼できる精度が得られるといえます。

2 評価指標

(1) 評価指標

モデルの性能を評価する際、どのような評価指標を用いればよいでしょうか。モデルの予測した値（陽性／陰性）と実際の値（陽性／陰性）は、4通りの組み合わせが考えられます。この組み合わせを表にしたものを混同行列(confusion matrix)と呼びます。この混同行列を念頭において、どのような指標がよいか考えてみましょう。

実際の値＼予測値	陽性 (Positive)	陰性 (Negative)
陽性 (Positive)	真陽性 (True Positive：TP) 陽性と予測し、実際に陽性	偽陰性 (False Negative：FN) 陰性と予測したが、実際は陽性
陰性 (Negative)	偽陽性 (False Positive：FP) 陽性と予測したが、実際は陰性	真陰性 (True Negative：TN) 陰性と予測し、実際に陰性

モデルを評価する指標として代表的なものが以下の4つです。

●正答率（または正解率）（Accuracy）

予測結果と答えがどれくらい一致しているかを測る指標です。100点満点中、60点取れば合格できる試験の場合、「正答率60％で合格」といえます。

$$正答率 = \frac{予測と正解が一致している数}{全体の数} = \frac{TP+TN}{TP+TN+FP+FN}$$

試験の正答率を表す場合などによく用いられる指標です。

●適合率（Precision）

陽性と予測したうち、どれだけ実際に陽性だったかを測る指標です。患者が病気かどうかを判断する場合、病気であると判断した人10人のうち、実際に発病している人が8人とすると、適合率は80％です。

$$適合率 = \frac{実際に陽性だった数}{陽性と予測した数} = \frac{TP}{TP+FP}$$

誤診する可能性を低く抑えたい場合によく用いられる指標です。

●再現率 (Recall)

　実際に陽性だったうち、どれだけ陽性を予測できていたかを測る指標です。先程の診断の例で、実際に発病している人10人のうち、発病を見抜けた数が2人とすると、再現率は20%です。

$$再現率 = \frac{陽性と予測できた数}{実際に陽性だった数} = \frac{TP}{TP+FN}$$

　確実に発病している人を検知したいなど、なるべく漏れを防ぎたい場合に用いられる指標です。

●F値 (F-measure, F-score)

　一般的に、適合率と再現率はトレードオフの関係にあります。そのため、適合率と再現率のバランスをとった指標が考えられました。適合率と再現率の調和平均をとった指標です。

$$F値 = \frac{2 \cdot 適合率 \cdot 再現率}{(適合率 + 再現率)}$$

(2) 第一種の過誤、第二種の過誤

　モデルの評価を考える際に、知っておくべき内容として**第一種の過誤、第二種の過誤**という言葉があります。言葉で理解するよりも下の表で理解しましょう。先ほどの混同行列を見てみます。

　第一種の過誤は、表の偽陽性 (陽性と予測したが実際は陰性) にあたります。また、**第二種の過誤**は、表の偽陰性 (陰性と予測したが実際は陽性) にあたります。

		モデルの予測	
		有罪	無罪
事実	有罪	正しい	第二種の過誤
	無罪	第一種の過誤	正しい

　例えば、犯罪検知のモデルを評価するとします。このとき、無罪にも関わらず有罪と判断してしまうこと、つまり冤罪が第一種の過誤です。同様に、有罪にも関わらず無罪と判断してしまうことが第二種の過誤です。

　第一種の過誤と第二種の過誤は、トレードオフの関係になりやすいため、よりどちらを重視すべきか、といった議論がなされます。仮に「疑わしきを罰せず」という方針を採用する場合は、第一種の過誤を避けるモデルが望ましいといえます。

(3) 過学習 (Over Fitting)

　ディープラーニングは訓練データをもとに学習しますが、訓練データに適合しすぎた状態を**過学習 (Over Fitting)** といいます。具体的には、学習を進めていくにつれて訓練データに対する精度が上がる一方、テストデータに対する精度が下がっていく状態を指します。つまり、学習データにのみ最適化され、汎用化されていないモデルになっているということです。

▼図 4.6 過学習が起きている場合のコスト関数グラフ

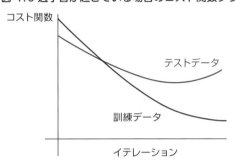

　一方、過学習を防ごうとするあまりモデルの予測性能 (汎化性能) が十分に上がらない状態を**未学習 (Under Fitting)** といいます。

　過学習を防ぐための手法として、モデルのパラメータが過度に学習しないように制限をかける正則化があります。正則化には過学習を防ぐ効果がありますが、正則化しすぎてしまうと未学習を引き起こしやすいです。正則化には、「自動的に特徴選択を行い、重要でないと判断された特徴量を自動的にモデルから消す」効果があるLasso回帰と、「パラメータの大きさに応じてゼロに近づけることで、汎化された滑らかなモデルを得る」効果があるRidge回帰があります。Lasso回帰をL1正則化、Ridge回帰をL2正則化と呼ぶこともあります。

(4) オッカムの剃刀

　モデルを評価する際、同じ性能のモデルであれば、より単純なモデルの方が良いとされています。この考え方は、**オッカムの剃刀**と呼ばれています。

　オッカムの剃刀とは、「必要がないなら多くのものを定立してはならない。少数の論理で良い場合は多数の論理を定立してはならない。」という考え方です。機械学習に置き換えてみると、同程度にデータを説明できるのであれば、よりパラメータ数が少ないものを採用するべきという意味合いで利用されます。

(5) 赤池情報量基準 (AIC)

　モデルの性能が同じであれば、「オッカムの剃刀」によって評価できますが、モデルの性能が異なる場合は、モデルの単純さだけでは評価できません。性能と単純さのバランスを取る必要があります。このバランスをうまく取れていることを測る指標が、**赤池情報量基準 (AIC)** です。

　AICとは、「モデルの複雑さと、データとの適合度 (性能) のバランス」を取るために使用する指標のことで、AICの値が小さいほど良いモデルとなります。AICの値は、次の式で表されます。

$$AIC = -2 \times (最大対数尤度) + 2 \times (パラメータの数)$$

　詳細な説明は割愛しますが、端的に説明をすると、最大対数尤度はデータとの適合度 (性能) を表し、パラメータの数はモデルの複雑さを表します。なるべく少ないパラメータで、データを説明できるモデルだとAICの値が小さくなります。モデルのパラメータが少なすぎると適合度は低いでしょうし、逆に適合度が高すぎるとパラメータも多すぎるでしょう。適合度と単純さはトレードオフの関係にあるので、両者のバランスが取れていると、AICの値が小さくなります。

　例えば、モデルAとモデルBを評価する際、性能はモデルAの方が良く、単純さはモデルBの方が良いとします。モデルA、Bそれぞれに対して、上記の計算式でAICを計算します。そして、AICの低い方が、より良いモデルということになります。このように、性能と単純さが異なる2つのモデルをAICという指標を用いて評価します。

問題を解いてみよう

問1　ディープラーニングのモデルを学習させるとき、（ア）が（イ）されるようにパラメータを更新する。ただし、（ア）をもとにパラメータを更新した場合も、未知データに対する予測精度が上がっているとは限らない。最終的には、（ウ）を（イ）するようなパラメータを得ることが目的となる。（ウ）はデータの母集団に対する誤差である。

（ア）に入る言葉は以下のどれか。

A　統計誤差
B　確率誤差
C　訓練誤差
D　汎化誤差

（イ）に入る言葉は以下のどれか。

A　最小化
B　最大化
C　平均化
D　分散化

（ウ）に入る言葉は以下のどれか。

A　統計誤差
B　確率誤差
C　訓練誤差
D　汎化誤差

問2　ディープラーニングにおけるモデルの学習は、汎化誤差を下げるように学習する。汎化誤差は、（ア）、（イ）、（ウ）の3要素に分けられる。（ア）はモデルが複雑になりすぎて過学習の状態にあるときに高くなり、（イ）は逆にモデルが単純すぎて未学習の状態にあるときに高くなる。また、（ウ）はデータ自体に不要な情報が混入しているために発生する。

（ア）、（イ）、（ウ）に入る言葉は以下のどれか。
A バリアンス **C** ノイズ
B ウェイト **D** バイアス

問3 学習したモデルの性能を評価する際は、どのような性能指標を用いるかについて、目的に応じて議論する必要がある。例えば、犯罪を検知するモデルの性能評価を仮定する。犯罪の疑いがある人（容疑者）100人のうち、1人だけが実際の犯罪者とする。このとき、容疑者全員に対して無条件に「犯罪者ではない」と判定するモデルを利用すると、そのモデルの正答率は（ア）となる。このことから、「正答率」という指標は今回の犯罪検知モデルの評価に適さないことがわかる。

ほかの性能指標としては、（イ）と（ウ）がある。（イ）は、冤罪の可能性を下げたい場合に適しており、（ウ）は、逆に犯罪者を逃すことを防ぎたい場合に適している。また、（イ）と（ウ）はトレードオフの関係にあるため、そのバランスをとった指標を用いる場合は（エ）が適している。

（ア）に入る言葉は以下のどれか。
A 0%
B 1%
C 99%
D 100%

（イ）、（ウ）、（エ）に入る言葉は以下のどれか。
A 適合率
B 再現率
C F値
D W値
E 正解率

問4 ある2クラス分類問題において分類器Aを用いた結果、適合率は0.9、再現率は0.3となった。この時分類器AのF値は以下のどれか。

A 0.6 **C** 0.3
B 0.45 **D** 0.9

問5 ホールド・アウト法やk-分割交差検証は、交差検証（交差確認）と言われ、（ア）ために利用される手法である。k-分割交差検証はホールド・アウト法と比較して（·イ）という利点がある。

（ア）に入る言葉は以下のどれか。

A データのサンプル数が少ないときの性能を評価する
B 学習したモデルの運用時における性能を見積もる
C 特徴量の抽出が自動で行えるかどうかを知る
D データ間の相関を調べる

（イ）に入る言葉は以下のどれか。

A 少ないサンプル数でも、より信頼できる性能評価が期待できる
B 性能の乏しい計算機でも処理が行える
C 正解ラベルが付与されていないデータでも同様の結果が得られる
D 既存のフレームワークに依存せずに実行できる

問6 一般的にディープラーニングは過学習しやすいといわれる。過学習とは、学習を進めたときに途中から（ア）のコスト関数の値が下がり、（イ）のコスト関数の値が下がらない状態をいう。

（ア）、（イ）に入る言葉は以下のどれか。

A ラベル付きデータ **C** テストデータ
B 画像データ **D** 訓練データ

問7 正則化について述べた文章として最も**不適切な選択肢**を1つ選べ。

A 学習の際、モデルにペナルティとなる項を追加することで過学習を防ぐ

B 汎化性能を高め、モデルが実際に運用されたときの性能を向上させるために利用する

C 特徴量を0〜1の範囲に変換し、特徴量間のスケールを揃える

D 正則化には、L1正則化といわれるLasso回帰と、L2正則化といわれるRidge回帰がある

問8 病気を検知するモデルを評価したい。モデルは、少しでも病気の可能性がある人を炙り出したい。そのため、（　）モデルが望ましい。

（　）に入る言葉は以下のどれか。

A 第一種の過誤を避ける

B 第二種の過誤を避ける

C 第一種の過誤、第二種の過誤、両方のバランスを取った

D 第一種の過誤、第二種の過誤、両方のバランスが取れていない

問9 オッカムの剃刀に従ってモデルを評価する場合、どのようなモデルを高く評価すべきか。

A モデルの複雑さが同程度であれば、性能の良いものを高く評価する

B モデルの性能が同程度であれば、より単純なものを高く評価する

C モデルの複雑さと性能のバランスが取れたものを高く評価する

D モデルの性能・複雑さが同程度であれば、過去に実績のあるものを高く評価する

問10 赤池情報量基準に従ってモデルを評価する場合、どのようなモデルが高く評価されるか。

A　モデルの複雑さに関わらず、性能の良いものが高く評価される

B　モデルの性能に関わらず、より単純なものが高く評価される

C　モデルの複雑さと性能のバランスが取れたものが高く評価される

D　モデルの性能・複雑さが同程度であれば、過去に実績のあるものが高く評価される

答え合わせ

問1 正解：（ア）C、（イ）A、（ウ）D

解説

　ディープラーニングのモデルは、汎用的に使える予測モデルが求められます。そのため、最終的には汎化誤差が下がるパラメータを求めます。そのために学習では訓練誤差が小さくなるように学習し、汎化誤差を下げるパラメータを求めます。

問2 正解：（ア）A、（イ）D、（ウ）C

解説

A　バリアンスは、「予測モデルの複雑さ」を示します。予測モデルが複雑すぎる場合に大きくなります。

B　ウェイトは、受け取った入力を次の層へ伝達する重みであり、学習で更新されるパラメータです。

C　ノイズは、「削除不能な誤差」を示します。学習データ自体に余計なデータが混ざっている場合に大きくなります。

D　バイアスは、「予測モデルと学習データとの差」を示します。予測モデルが単純すぎる場合に大きくなります。

問3 正解：（ア）C、（イ）A、（ウ）B、（エ）C

解説

（ア）「100人全員が犯罪者ではない」と予測し、実際は「99人は犯罪者ではない」ため、正答率は99％です。

（イ）より「犯罪者（陽性）の予測が実際に犯罪者（陽性）である」ほうがよいモデルといえます。そのため、「陽性と予測したうち、どれだけ実際に陽性だったか」を測る指標「適合率」が適しています。

（ウ）より「実際の犯罪者（陽性）を、予測でも見抜けた」ほうがよいモデルといえます。そのため、「実際に陽性だったうち、どれだけ陽性を予測できていたか」を測る指標「再現率」が適しています。

（エ）適合率と再現率のバランスをとった指標は「F値」です。

> **問 4**　正解：B

解説

　F値の計算式は、2・適合率・再現率/(適合率＋再現率)です。この式に適合率0.9、再現率0.3を代入すると、2・0.9・0.3/(0.9＋0.3)＝0.45となります。

> **問 5**　正解：(ア) B、(イ) A

解説

(ア) ホールド・アウト法やk-分割交差検証は、学習したモデルの実運用時における精度を評価するために利用します。

(イ) k-分割交差検証は、データを交差して評価するという事を繰り返すことで、テスト結果が平均化され、たまたまテストデータに特定のデータが偏っているときもその影響を受けにくいという利点があります。そのため、同じデータ数でも、ホールド・アウト法よりもk-分割交差検証の方が精度が高い傾向にあります。

> **問 6**　正解：(ア) D、(イ) C

解説

　過学習とは、学習を進めていくにつれて訓練データに対する精度が上がる一方、テストデータに対する精度が下がっていく状態を指します。

> **問 7**　正解：C

解説

　正則化は、モデルのパラメータが過度に学習しないように制限をかける手法です。訓練データへの過学習を防ぎ、モデル実運用時の性能向上を目的とします。特徴量間のスケールを揃えるような処理ではありません。

> **問 8**　正解：B

解説

　第一種の過誤は偽陽性 (陽性と予測したが実際は陰性)、第二種の過誤は偽陰性 (陰性と予測したが実際は陽性) を指します。設問では、偽陰性を避けるモデルが望ましいため、Bが正解です。

問9　正解：B

解説

本章の解説をご確認ください。

問10　正解：C

解説

本章の解説をご確認ください。

第5章

ディープラーニングの概要

ディープラーニングの特徴

ニューラルネットワークは、複雑な関数を近似できるようになり、内部表現を抽出できるようになりました。その結果、ニューラルネットワークは特徴量の設計とその後の処理をまとめて自動的に行うことができるというエンドツーエンド学習ができるようになりました。

Navigation

要点をつかめ！

ADVICE!

学習アドバイス

ニューラルネットワークが、これまでの手法と比べて、どのような点が良くなったのか、またどのような点が劣っているのか、しっかり理解しましょう。

キーワードマップ

● **ニューラルネットワークの特徴**

├── 複雑な関数を近似

├── 内部表現

└── エンドツーエンド学習

出題者の目線

● ニューラルネットワークは、これまでの手法と何が違うのか、キーワードと共にしっかり理解しましょう。

Lecture 詳しく見てみよう

1 ニューラルネットワークとは

ニューラルネットワークは、機械学習の手法の1つとみなすことがあります。人間の脳神経回路を模したニューラルネットワークを多層的にすることによって複雑な関数を近似できるようになり、コンピューター自身がデータに含まれる特徴を捉えられるようになりました。このようなことから、これまでの手法よりも大幅に性能が向上しました。その結果、現在では画像処理、音声認識や自然言語処理などの分野で実用化されています。このような多層化したニューラルネットワークは、ディープラーニングと呼ばれています。

これまでの機械学習の手法の多くは、特徴量を事前に設計しなければならなかったのですが、ニューラルネットワークでは、学習によって特徴量を得ることができるようになりました。このように、ニューラルネットワークの学習によって、観測データから本質的な情報を抽出した特徴のことを**内部表現**といいます。その結果、ニューラルネットワークは特徴量の設計とその後の処理をまとめて自動的に行うことができるという**エンドツーエンド学習**ができるようになりました。一方で、ニューラルネットワークには、他の手法と比べて、学習が必要なパラメータの数が多く、計算量が多くなるという問題があります。また、結果の根拠を説明することが難しく、学習にこれまで以上のデータが必要であるという特徴があります。

得点アップ講義 \POINT UP!/

ニューラルネットワークの特徴を、以後のページで紹介する詳細な内容と繋げて考えられるようにすると得点アップが期待できます。

Theme 2

多層パーセプトロン

重要度：★★☆

多層パーセプトロンは、最も基本的でよく使われているニューラルネットワークで、重み・バイアス・活性化関数からなるユニットが層状に配置されています。

Navigation

要点をつかめ！

ADVICE!

学習アドバイス

ユニットの出力、活性化関数、誤差関数のそれぞれの内容はもちろんですが、次節の確率的勾配降下法までを学んだ後に、一連の学習の流れを理解しておきましょう。

キーワードマップ

- ●多層パーセプトロン
  - ├ 重み
  - ├ バイアス
  - └ 活性化関数

- ●活性化関数

- ●出力層の活性化関数
  - ├ 単純パーセプトロン
  - │ └ ステップ関数
  - ├ 回帰
  - │ └ 恒等関数
  - └ 多クラス分類
  -    └ ソフトマックス関数

- ●中間層の活性化関数
  - ├ これまで
  - │ ├ tanh 関数（双曲線正接関数）
  - │ ├ シグモイド関数
  - │ └ 勾配消失問題
  - └ 近年
  -    ├ ReLU
  -    ├ Leaky ReLU
  -    └ Maxout

- ●出力層と誤差関数
  - ├ 回帰
  - │ └ 平均二乗誤差関数
  - ├ 多クラス分類
  - │ └ 交差エントロピー誤差関数
  - └ 分布を直接学習するとき
  -    └ KLダイバージェンス

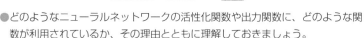

出題者の目線

- ●どのようなニューラルネットワークの活性化関数や出力関数に、どのような関数が利用されているか、その理由とともに理解しておきましょう。

158

Lecture

詳しく見てみよう

1 多層パーセプトロン

多層パーセプトロンは、最も基本的でよく使われているニューラルネットワークです。多層パーセプトロンは、層状に**ユニットニューロン**が並び、隣接する層の間のみで結合しています。最も左側の層を入力層、最も右側の層を出力層、その中間の層を中間層と呼びます（図5.1）。

▼図5.1　多層パーセプトロン

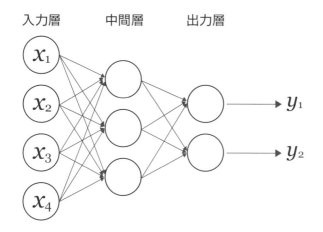

ニューラルネットワークは、目的変数の値を予測する回帰や、目的変数を分類する多クラス分類によく使われます。

得点アップ講義　＼POINT UP!／

ユニット出力を計算できるようにしておきましょう。

159

ユニットは、複数の入力を受け取り、1つの値を出力します。たとえば、各入力 x_1, x_2, x_3, x_4 が得られた時、各入力にそれぞれ**重み** w_1, w_2, w_3, w_4 をかけたものの総和に、**バイアス**とよばれる値 b を足した値 u を出力します（式A）。そして、この u が**活性化関数** f によって変換されて（式B）、次の層のユニットの入力 z になります（図5.2）。

$$u = w_1 x_1 + w_2 x_2 + w_3 x_3 + w_4 x_4 + b \quad \text{(A)}$$
$$z = f(u) \quad \text{(B)}$$

▼図5.2　ユニットの例

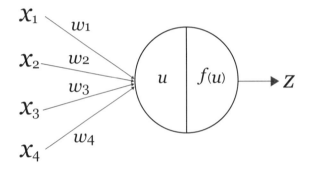

多層パーセプトロンでは、左側の層の入力層にデータを与え、その結果が右の層へと順番に伝搬します。

2　活性化関数

　活性化関数は、ユニットにおける入力の総和を出力に変換する関数のことです。出力層と中間層で使われています。たとえば、出力層の活性化関数には、単純パーセプトロンでは**ステップ関数**が、回帰では**恒等関数**が一般的に利用され、多クラス分類における出力層では、ソフトマックス関数がよく用いられます。**単純パーセプトロン**とは、入力層と出力層のみの2層からなるニューラルネットワークのことをいいます。また、**ソフトマックス関数**が利用される理由は、ソフトマックス関数によって出力の合計が1になるため、出力を確率的に解釈できるようになるからです。

　中間層の活性化関数として、これまでは**tanh関数**（双曲線正接関数）、**シグモイド**

関数などが利用されてきました。tanh関数は、出力範囲が−1から1までの値をとり、微分の最大値が1になります（図5.3）。シグモイド関数の微分の最大値である0.25よりも大きいことから、tanh関数はシグモイド関数よりも勾配消失が起こりにくくなります。

▼図5.3　tanh関数

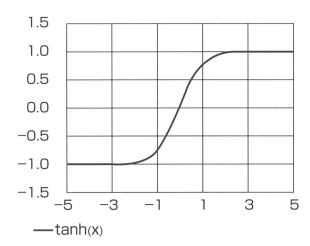

　最近は、さらに勾配消失が起きにくいように改善された**ReLU**（図5.4）や**Maxout**などが利用されています。ReLUは、入力が0を超えていればそのまま出力に渡し、0未満であれば出力を0とする関数です。また、**Leaky ReLU**は、0未満の場合には出力値が入力値をα倍した値（αの値は0.01とする場合が多い）となり、入力値が0以上の場合には出力値が入力値と同じ値となる関数です（図5.5）。**Leaky ReLU**では、入力値が0未満でも出力値は0にはならないため、入力値が0未満であっても勾配が発生し、勾配が消失しにくいという特徴があります。

　Maxoutは、複数の線形関数を1つにした構造を持ち、それらの中での最大値を出力します。

▼図5.4 ReLU

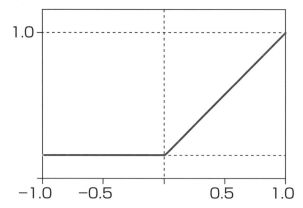

▼図5.5 Leaky ReLU

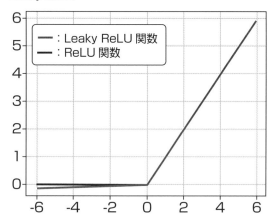

3 誤差関数

　訓練データとして入力データと正解が与えられたとき、これらの正解と入力データ
を多層パーセプトロンに入力して得られる出力とがなるべく近づくように重みを更新
します。この処理を学習と呼んでいます。このとき誤差関数は、正解ラベルと入力デー
タを多層パーセプトロンに入力して得られる出力との近さを評価します。誤差関数か
ら得られる誤差をできるだけ小さくする重みを求めることが学習の目的です。

　誤差関数は、回帰問題には**平均二乗誤差関数**、多クラス分類には**交差エントロピー
誤差関数**がよく使われます。また、自己符号化器（第6章Theme3）において入力
と出力の2つの分布から学習するときには、**KLダイバージェンス**が用いられること
もあります。

確率的最急降下法

確率的最急降下法は、訓練データとして入力データと正解が与えられたとき、これらの正解と入力データを多層パーセプトロンに入力して得られる出力とがなるべく近づくように、重みを調整します。

Navigation

要点をつかめ！

学習アドバイス

ADVICE!

ニューラルネットワーク以外の機械学習の手法でもたくさん用いられている重要な手法です。さらに、様々な過学習を防ぐテクニックや学習のテクニックが提案されています。どれも重要なトピックなのでしっかりマスターしましょう。

キーワードマップ

- ●確率的最急降下法
  - ─ 誤差関数
  - ─ 勾配降下法
    - ─ 勾配降下法を用いた重みの更新
    - ─ 学習率の大きさ
  - ─ 確率的勾配降下法
    - ─ バッチ学習
    - ─ ミニバッチ学習

- ●過学習を防ぐテクニック
  - ─ 正則化
    - ─ L0正則化
    - ─ L1正規化
      - ─ スパース正則化
      - ─ Lasso回帰
    - ─ L2正則化
      - ─ 荷重減衰
  - ─ ドロップアウト
  - ─ バッチ正規化と内部共変量シフト
  - ─ データ拡張
    - ─ Cutout
    - ─ Random Erasing
    - ─ Mixup
    - ─ CutMix
  - ─ 初期停止

- ●学習のテクニック
  - ─ データの正規化
  - ─ 学習率の決め方
    - ─ 局所最適解
    - ─ 鞍点
    - ─ プラトー
    - ─ AdaGrad
    - ─ モメンタム
    - ─ Adam
    - ─ RMSprop
    - ─ AdaBound
    - ─ AMSBound
  - ─ ハイパーパラメータ（学習率以外）の決め方
    - ─ グリッドサーチ
    - ─ ベイズ最適化
  - ─ 重み付けの初期化
    - ─ Xavierの初期化
  - ─ モデルの軽量化
    - ─ 量子化
    - ─ プルーニング
    - ─ エッジAI

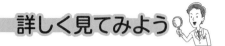

詳しく見てみよう

1 確率的最急降下法

ニューラルネットワークの学習の目的は、**誤差関数**の出力をできるだけ小さくする重みやバイアスなどのパラメータを見つけることです。このような問題を解くことを最適化といいます。このパラメータを見つけるアルゴリズムとして有名なものに**勾配降下法(GD)**があります。

勾配降下法は、重みと誤差関数を重みで微分して得られる勾配∇Eを用いて、重みを更新します。現在の重み$w^{(t)}$を、更新した後の重みを$w^{(t+1)}$とすると、以下の式を繰り返し計算することによって、最適解にたどり着くことができます(図5.5)。

$$w^{(t+1)} = w^{(t)} - \varepsilon \nabla E$$

▼ 図5.5 重みの更新方法

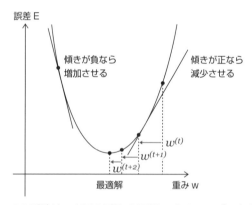

この手法は、1回の重みの更新ですべてのデータを利用することから**バッチ学習**と呼ばれています。

ここで、εはwの更新の量を決める数で、**学習率**と呼ばれています。

出題者の目線

●過学習を防ぐテクニックや学習のテクニックは様々なものがあります。1つずつ違いを理解しましょう。

　この学習率は、重みの更新方法に大きな影響を与えます。学習率が大きいときは、収束が速く学習にかかる時間が短くなりますが、最終的な誤差は大きくなる傾向があります。一方、学習率が小さいときは、収束が遅く学習にかかる時間が長くなりますが、最終的な誤差は小さくなります（図5.6）。

▼ 図5.6　学習率の大きさについて

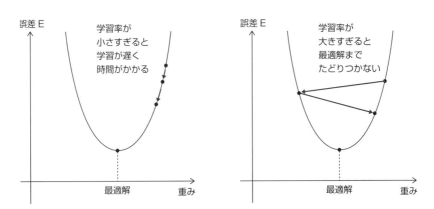

　ここで、今までの流れを復習しましょう。ニューラルネットワークにおける学習の手順は以下のようになります（図5.7）。

①重みとバイアスを初期化します。
②データをニューラルネットワークに入力し、その結果を出力します。
③誤差関数によって、ニューラルネットワークの出力と正解ラベルとの誤差を計算します。
④誤差をより小さくするように勾配降下法によって重みとバイアスを更新します。
⑤上記の2から4の手順を何度も繰り返して最適な重みとバイアスに近づけます。

5
ディープラーニングの概要

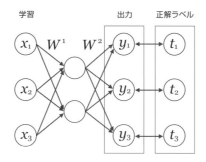

ニューラルネットワークでは、勾配降下法の中の確率的勾配降下法 (SGD) などがよく利用されています。**確率的勾配降下法 (SGD)** は、オンライン学習やミニバッチ学習を用いた勾配降下法のことをいいます。**オンライン学習**とは、ランダムに抽出した1つのサンプルだけを使ってパラメータを更新する手法です。また**ミニバッチ学習**は、一定数のサンプルをランダムに抽出してパラメータを更新する手法です。ミニバッチ学習では、勾配のばらつきが小さくなるため、学習率を大きくでき、学習が速く進むというメリットがあります。

このように、パラメータの更新には、バッチ学習、オンライン学習、ミニバッチ学習などが用いられます。

バッチ学習	1回の重みの更新ですべてのデータを利用する方法
オンライン学習	ランダムに抽出した1つのサンプルだけを使ってパラメータを更新する方法
ミニバッチ学習	一定数のサンプルをランダムに抽出して利用してパラメータを更新する方法

2 過学習を防ぐテクニック

ニューラルネットワークは高い表現力を持つ一方、過学習を起こしやすいという問題があります。そのため過学習を防ぐテクニックが多数提案されています。たとえば、ドロップアウトや正則化、バッチ正規化、データ拡張、初期停止などがあります。

(1) ドロップアウト

ドロップアウトとは、学習する際に、層の中のノードのうちのいくつかを無効にして学習を行い、次の更新では別のノードを無効にして学習を行うことを繰り返す手法です (図5.8)。

▼ 図5.8　ドロップアウト

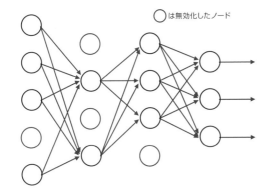

○ は無効化したノード

（2）正則化

　正則化とは、誤差関数に正則化項を加えることによって過学習を防ぐ手法です。正則化は、重みが減衰しやすいことから、**荷重減衰**と呼ばれています。0でない重みの個数で正則化を行うことを**L0正則化**といい、正則化項として重みのL1ノルムを用いるとき**L1正則化**といい、L2ノルムを用いるとき**L2正則化**といいます。L1ノルムとは、それぞれの重みの絶対値の総和のことをいいます。また、L2ノルムは、それぞれの重みの2乗和を求め、さらに平方根を取った値のことをいいます。L1正則化を行うと、重要でない重みが0になりやすい傾向があります。L1正則化を回帰に利用した場合を**Lasso回帰**、L2正則化を回帰に利用した場合を**Ridge回帰**と呼んでいます。

（3）バッチ正規化

　バッチ正規化とは、ミニバッチごとの各チャネルのデータを平均が0、分散が1となるように正規化を行う手法です。その結果、入力の分布が学習途中で大きく変わる**内部共変量シフト**を防ぐことができます。

（4）データ拡張

　データ拡張とは、手持ちのデータになんらかの加工を行って、量を水増しすることです。データ拡張には、以下の手法があります。

Cutout	学習中に正方領域を固定値0に置き換える手法です。
Random Erasing	画像から一定の領域を抽出し、そこにランダムに与えた数値で置き換える処理をする手法です。
Mixup	2つの画像を合成して新しい画像を作成する手法です。
CutMix	データ拡張の手法の中で、切り抜いた画像を別の画像に貼り付けることによって、新しい画像を作成する手法です。

5

ディープラーニングの概要

(5) 初期停止

　誤差関数の出力は、学習が進むにつれて小さくなる傾向があります。ただし学習の途中で、誤差関数の出力の値が上昇に転じることがあります。このような状況において、その時点で学習を終了することを**初期停止**と呼びます。

3　学習のテクニック

(1) データの正規化

　データの正規化とは、訓練データが偏りを含むとき、偏りがなくなるように訓練データを変換する前処理を行うことです。最も基本的な方法は、成分ごとに平均と分散を揃えることです。

(2) 学習率の決め方

　勾配降下法において学習率の大きさは重要です。たとえば学習率が小さいと収束が遅くなり、学習に時間がかかったり、**局所最適解**へ収束したりします（図5.9）。

　2変数以上の誤差関数において、馬の鞍のような形をしていている場所のことを**鞍点**と呼びます（図5.10）。鞍点では、1つのパラメータでは極小となりますが、他のパラメータでは極大となります。また、学習を繰り返しても鞍点などの停留点から抜け出せない状態にあることを**プラトー**といいます。

▼ 図5.9　最適解と局所最適解

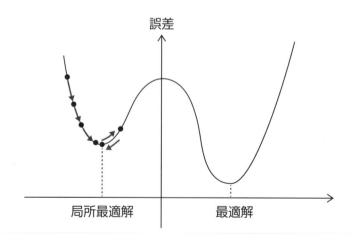

▼図5.10　鞍点

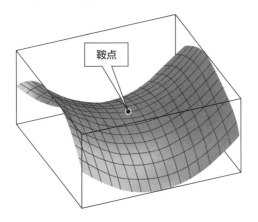

鞍点

　そのため、AdaGrad、RMSprop、AdaDelta、モメンタム、Adamなどの様々な手法が提案されています。

AdaGrad	学習が進むにつれて学習率を自動的に小さくする手法です。
RMSprop	AdaGradが急速に学習率が低下するという問題を解決するために開発された手法で、勾配の2乗の指数移動を取るように変更されます。
AdaDelta	RMSpropと同様に、AdaGrad の発展形です。AdaDeltaでは、過去すべての勾配の2乗を蓄積しておくのではなく、過去の勾配を蓄積する範囲を制限します。
モメンタム	運動量 (モメンタム) と呼ばれる物理量を用いて過去の重みの更新量を考慮して、重みの更新を行う方法です。
Adam	過去の勾配の2乗の指数移動平均を用いることで、勾配の平均と分散を推定します。
AMSGrad	Adamを改良して、過去の勾配の2乗の指数移動平均の代わりに、勾配の2乗の指数移動平均の最大値を用いています。
AdaBound	学習前半はAdamとして、学習後半からはSGDとして機能するように、Adamにおける学習率の上限と下限を動的に変化させます。
AMSBound	AdaBoundに行った学習率に対する制限をAMSGradに採用した手法です。

(3) ハイパーパラメータの決め方

　ニューラルネットワークには学習率や正則化係数などの多くのハイパーパラメータがあり、これらが精度に大きな影響を与えます。ハイパーパラメータのチューニング方法には、**グリッドサーチ**や**ベイズ最適化**などがあります。グリッドサーチとは、

設定した範囲においてすべてのパラメータの組み合わせを試してみる方法のことです。また、近年は、比較的少ない試行回数でより優れたハイパーパラメータを選ぶことができるベイズ最適化に注目が集まっています。

(4) 重み付けの初期化

学習を始める前に重みを初期化する必要があります。最も一般的な方法は、ガウス分布からランダムに値を抽出する方法です。また、直前の層のノード数が n の場合、初期値として $1/\sqrt{n}$ を標準偏差とした分布を使う**Xavier の初期値**があります。

(5) モデルの軽量化

モデルを軽量化するために、量子化やプルーニングが用いられています。**量子化**とは、パラメータをより少ない桁数にすることによって、ネットワークの構造を変えずにモデルのサイズを小さくする手法のことです。**プルーニング**では、層中のユニットニューロン間の結合の一部を削除します。

また、モデルの軽量化は、**エッジAI** において重視される傾向にあります。クラウドなどのサーバーにデータを送信して処理を行うクラウドAIに対して、エッジAIとはIoT機器やセンサーなどの端末において、推論を行う技術のことです。端末は、クラウド上にあるサーバーと比べて、処理能力が十分ではないため、モデルを軽量化する必要があります。なお、エッジAIのメリットは、データをその場で処理できるためリアルタイム性が高いこと、ネットワークを経由せずに端末上で処理を行うことができるため、データが外部に漏れるリスクを減らすこと、また、エッジ側で処理した結果だけをサーバに送ればよいため、通信量の減少が見込まれることなどがあります。

得点アップ講義 \\POINT UP!/

ニューラルネットワークにおける学習の仕組みをしっかり理解しましょう。

Theme

4

重要度：★★☆

ニューラルネットワークの歴史

ニューラルネットワークには長い歴史があります。第1次ニューロブームから第3次ニューロブームがあり、それぞれのブームで新しい手法やテクノロジーによって過去の課題を克服してきました。

Navigation

要点をつかめ！

学習アドバイス

ニューラルネットワークの歴史とディープラーニングが普及した理由という点から整理し直しましょう。本節では、ディープラーニングが普及した理由として、データを収集することが容易になったこと、GPUの性能の向上、ディープラーニングのフレームワークが広く普及したことを取り上げます。

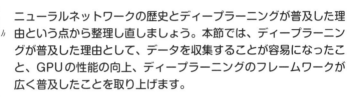

キーワードマップ

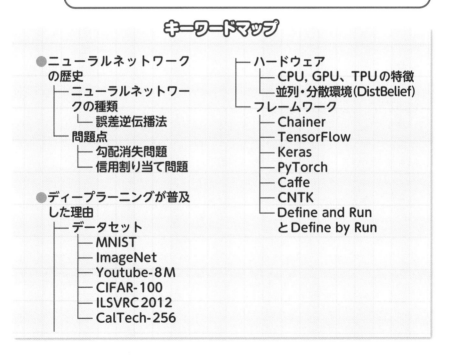

- ●ニューラルネットワークの歴史
  - ─ ニューラルネットワークの種類
    - └ 誤差逆伝播法
  - ─ 問題点
    - ├ 勾配消失問題
    - └ 信用割り当て問題

- ●ディープラーニングが普及した理由
  - ─ データセット
    - ├ MNIST
    - ├ ImageNet
    - ├ Youtube-8M
    - ├ CIFAR-100
    - ├ ILSVRC2012
    - └ CalTech-256

- ─ ハードウェア
  - ├ CPU, GPU、TPUの特徴
  - └ 並列・分散環境(DistBelief)
- ─ フレームワーク
  - ├ Chainer
  - ├ TensorFlow
  - ├ Keras
  - ├ PyTorch
  - ├ Caffe
  - ├ CNTK
  - └ Define and Run と Define by Run

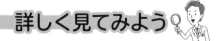

Lecture 詳しく見てみよう

1 ニューラルネットワークの歴史

　ニューラルネットワークの歴史は、第1次ニューロブームにはじまり、第2次ニューロブームを経て、現在の第3次ニューロブームに至ります。

(1) 第1次ニューロブーム

　最初のブームでは、1958年にフランク・ローゼンブラットが開発したパーセプトロンが注目を浴びました。パーセプトロンは入力層と出力層のみからなるシンプルな構造によって、学習や予測ができました。しかし、パーセプトロンは、排他的論理和 (XOR) の学習ができないことが指摘されていました。このXOR問題の影響によって第1次ブームは終わりました。

(2) 第2次ニューロブーム

　その後にパーセプトロンに隠れ層を追加すれば、理論上はXOR問題は解決できることがわかりました。さらに、1986年に隠れ層を持つニューラルネットを高速に学習させる誤差逆伝播法がデビッド・ラメルハートらによって提案されると、第2次ニューロブームが起こりました。これまでの順伝播型ネットワークの学習では、重みとバイアスに関する誤差関数の微分を計算する必要があるため、計算に時間がかかっていました。**誤差逆伝播法**は、このような計算を効率よく計算する方法です。名前が示しているように、出力ノードから前方のノードへと伝播するように学習を行います。しかし、それでも現在ほど多くの層を持った多層パーセプトロンにおいて学習をすることはできませんでした。出力層における誤差を出力層から入力層に向けて伝播させるときに、複数の層を伝搬していく過程で、誤差が拡散して小さくなってしまい、入力層に近い層では学習がうまくできないという**勾配消失問題**が起こったり、適切な重みの初期値を決めることが難しく過学習を起こしてしまっていたりしたからです。多層のニューラルネットワークに学習させられるほどの十分なデータが得られなかったことも原因であるといわれています。

　また、誤差逆伝搬法は、信用割り当て問題も解決しました。**信用割り当て問題**とは、最終的な出力が間違っている場合に、学習は出力層と中間層の間だけで行われることになるため、入力層と中間層の重みをどのように修正すれば良いのか知る方法がないという問題のことをいいます。

(3) 第3次ニューロブーム

　2000年代後半以降が第3次ニューロブームです。第3次ニューロブームが大きな
注目を集めている理由はいくつかあります。そのうちの3つを次節で紹介します。

2 ディープラーニングが普及した理由

　大きなブレークスルーを起こしたディープラーニングですが、その手法自体は以
前から提案されていました。ここ数年で大きな注目を集めている理由はいくつかあ
ります。そのうちの3つを紹介します。1つ目は、インターネットが整備されたため、
データを収集することが容易になったことがあります。2つ目は、GPUの性能が向
上し、GPGPUが登場したこと、3つ目はディープラーニングのフレームワークが広
く普及したことがあげられます。
　その結果、ニューラルネットワークの多層化が実現したことによって、ディープ
ラーニングと呼ばれるようになりました。

出題者の目線

●ニューラルネットワークの課題をしっかりおさえましょう。

(1) データセット

　深層学習によく用いられるデータセットを紹介します。

MNIST	アメリカの国立標準技術研究所が提供する手書き数字の画像データセットです。
ImageNet	スタンフォード大学がインターネット上から画像を集めて分類したデータセットです。2万種類以上の物体名と約1400万枚の画像を収録しています。
Youtube-8M	4,800件のラベルでタグづけされた800万本のYouTube動画データセットです。
CIFAR-100	100種類の画像をそれぞれ600枚ずつ、合計60,000枚収録したデータセットです。
ILSVRC2012	2012年の画像認識のコンペティションILSVRCで使われたImageNetの中から抽出されたデータセットです。
Caltech-256	Google画像検索でダウンロードして手作業で256カテゴリに分類された30,607画像のデータセットです。

（2）ハードウェア

ディープニューラルネットワークの学習ではパラメータ数が膨大であるため、高速な処理を実現できるハードウェアが必要です。そのために、TensorFlowの前身の分散並列技術である**DistBelief**や、リアルタイムに画像処理を行うことに特化した演算装置であるGPUが利用されてきました。**GPU**は、コンピュータの頭脳や心臓部に例えられることが多い**CPU**と違って、並列演算の性能が優れています。さらに、GPGPUの登場によって、GPUの機能を画像以外にも転用できるようになりました。また、Googleが開発している機械学習に特化した**TPU**もあります。

（3）フレームワーク

ディープラーニングの技術を利用したシステムを開発するとき、既存のフレームワークを利用することが多いです。ディープラーニングのフレームワークは複数あり、Googleの**TensorFlow**や、TensorFlow上で実行可能な高水準のライブラリである**Keras**、Preferred Networksが開発した**Chainer**、Facebookが開発した**PyTorch**などがあります。

フレームワークは、ニューラルネットワークモデルを定義し、データを用いて学習・予測を実行します。フレームワークによって、ネットワークの記述方法が異なり、記述方法によって柔軟性も変わります。記述方法は、大きく分けて2種類あります。1つ目は設定ファイルだけで動くもので、簡単に学習を始められるという特徴があります。一方で、ループ構造をもつ複雑なモデルを記述することは難しくなります。これらの記述方法を採用しているソフトウェアには**Caffe**や**CNTK**があります。2つ目はプログラムによる記述方法で、複雑なモデルも記述することができます。代表的なフレームワークとしてTensorFlowやChainerがあります。

また、フレームワークは計算グラフの構築方法の違いによっても分類することができます。計算グラフは、計算の流れをグラフ構造により記述したものです。Define and Runは、計算グラフを構築して、構築した計算グラフにデータを与えます。一方、Define by Runは実際の演算をとおして、計算グラフが動的に構築されます。近年はどちらの方式でも利用できるフレームワークが登場しています。

近年はフレームワークの統合や移行が進んでいます。例えば、Caffeの後継であるCaffe2は、PyTorchと統合されます。また、Preferred NetworksはCahinerの開発を終了し、PyTorchへ移行しています。

\\POINT UP!/

得点アップ講義

ディープラーニングが普及した理由をしっかりおさえましょう。

問題を解いてみよう

問1 空欄（ア）（イ）に最も当てはまる選択肢を1つ選べ。

これまでの機械学習の手法の多くは、特徴量を事前に設計しなければならなかったのですが、ニューラルネットワークでは、学習によって特徴量を得ることができるようになりました。このように、ニューラルネットワークの学習によって、観測データから本質的な情報を抽出した特徴のことを（ア）といいます。その結果、ニューラルネットワークは特徴量の設計とその後の処理をまとめて自動的に行うことができるという（イ）ができるようになりました。

A　強化学習
B　特徴量抽出
C　内部表現
D　エンドツーエンド学習

問2 学習済みのパーセプトロンが以下のような数式で表されるとき、以下のサンプルはクラス1とクラス2のどちらに分類されるか答えなさい。

$$w=\begin{pmatrix} 1.4 \\ 0.5 \\ -2.5 \end{pmatrix}, 入力 x=\begin{pmatrix} x_1 \\ x_2 \\ x_3 \end{pmatrix}$$

$$u=w^T x$$

$$y=\begin{cases} 0 & (u<0)\cdots クラス1 \\ 1 & (u\geq0)\cdots クラス2 \end{cases}$$

$$サンプル x=\begin{pmatrix} 3 \\ 2 \\ 1 \end{pmatrix}$$

A　クラス1
B　クラス2

問3 ニューラルネットワークの学習の手順を適切な順番に並べ替えなさい。

A 誤差をより小さくするように勾配降下法によって重みとバイアスを更新します。

B 誤差関数によって、ニューラルネットワークの出力と正解ラベルとの誤差を計算します。

C 重みとバイアスを初期化します。

D 何度も繰り返して最適な重み・バイアスに近づけます。

E データをニューラルネットワークに入力し、その結果を出力します。

問4 ディープラーニングがここ数年大きな注目を集めたのはいくつか理由がある。以下の選択肢から、**正しくないもの**を1つ選びなさい。

A インターネットが整備されたため、データを収集することが容易になったから

B 結果の根拠がわかりやすいから

C GPUの性能が向上し、GPGPUが登場したから

D ディープラーニングのフレームワークが広く普及したから

問5 以下の文章を読み、空欄（ア）（イ）（ウ）（エ）（オ）それぞれに最もよく当てはまる選択肢を1つ選べ。

（ア）はユニットにおける入力の総和を出力に変換する関数のことです。出力層と中間層で使われています。例えば出力層の（ア）には、単純パーセプトロンではステップ関数が、回帰では（イ）が一般的に利用され、多クラス分類における出力層では（ウ）がよく用いられます。（ウ）が利用される理由は（ウ）によって出力の合計が1になるため、出力を確率的に解釈できるようになるからです。

中間層の（ア）として、これまでは（エ）（オ）などが利用されてきました。（エ）は出力範囲が－1から1までの値をとり、微分の最大値が1になります。（オ）の微分の最大値である0.25よりも大きいことか

ら（エ）は（オ）よりも勾配が消失しにくくなります。

A tanh 関数（双曲線正接関数）
B ソフトマックス関数
C 活性化関数
D シグモイド関数
E 恒等関数

問6 以下の文章を読み、空欄（ア）（イ）（ウ）（エ）それぞれに最もよく当てはまる選択肢を1つ選べ。

訓練データとして入力データと正解が与えられたとき、これらの正解と入力データを多層パーセプトロンに入力して得られる出力とがなるべく近づくように重みを更新します。この処理を学習と呼んでいます。このとき、正解ラベルと入力データを多層パーセプトロンに入力して得られる出力との近さを評価するために（ア）が利用されます。（ア）から得られる誤差をできるだけ小さくする重みを求めることが学習の目的です。

（ア）は、回帰問題には（イ）、多クラス分類には（ウ）がよく使われます。また、自己符号化器において入力と出力の2つの分布から学習するときには、（エ）が用いられることもあります。

A 交差エントロピー誤差関数
B 誤差関数
C KLダイバージェンス
D 平均二乗誤差関数

問7 以下の文章を読み、空欄（ア）（イ）（ウ）それぞれに最もよく当てはまる選択肢を1つ選べ。

勾配降下法において重みを更新する量は、（ア）によって決まります。（ア）が（イ）ときは、収束が速く学習にかかる時間が短くなりますが、最終的な誤差は大きくなる傾向があります。一方、（ア）が（ウ）ときは、収束が遅く学習にかかる時間が長くなりますが、最終的な誤差は小さくなります。

（ア）に入る言葉は以下のどれか。

A 学習率
B 誤差関数
C バイアス
D 重み

（イ）（ウ）に入る言葉は以下のどれか。

A 大きい
B 小さい

問8 以下の文章を読み、空欄（ア）（イ）（ウ）それぞれに最もよく当てはまる選択肢を1つ選べ。

勾配降下法は、1回の重みの更新ですべてのデータを利用することから（ア）学習と呼ばれています。ニューラルネットワークでは、勾配降下法の中の確率的勾配降下法などがよく利用されています。確率的勾配降下法は、（イ）学習と（ウ）学習を用いた勾配降下法のことをいいます。（イ）学習は、ランダムに抽出した1つのサンプルだけを使ってパラメータを更新する手法です。また（ウ）学習は、一定数のサンプルをランダムに抽出して利用してパラメータを更新する手法です。（ウ）学習では、勾配のばらつきが小さくなるため、学習率を大きくでき、学習が速く進むというメリットがあります。

A オンライン
B ミニバッチ
C バッチ

問9 以下の文章を読み、空欄（ア）（イ）（ウ）（エ）それぞれに最もよく当てはまる選択肢を1つ選べ。

正則化とは、誤差関数に正則化項を加えることによって過学習を防ぐ手法です。正則化は、重みが減衰しやすいことから、（ア）と呼ばれています。正則項として重みのL1ノルムを用いるときL1正則化といい、L2ノルムを用いるときL2正則化といいます。（イ）正則化を行うと、重要でない重みが0になりやすい傾向があります。L1正則化を回帰に利用した場合を（ウ）、L2正則化を回帰に利用した場合を（エ）と呼んでいます。

A Lasso回帰
B 荷重減衰
C Ridge回帰
D L1
E L2

問10 以下の文章を読み、空欄（ア）（イ）（ウ）（エ）それぞれに最もよく当てはまる選択肢を1つ選べ。

ディープラーニングの技術を利用したシステムを開発するとき、既存のフレームワークを利用することが多いです。ディープラーニングのフレームワークは複数あり、Googleの（ア）や、（ア）上で実行可能な高水準のライブラリである（イ）、Preferred Networksが開発した（ウ）、Facebookが開発した（エ）などがあります。

A Chainer
B Keras
C PyTorch
D TensorFlow

問11 画像についてのデータセットであるImageNetに関する説明として、最も適切な選択肢を1つ選べ。

A アメリカの国立標準技術研究所が提供する手書き数字の画像データセットです。

B スタンフォード大学がインターネット上から画像を集めて分類したデータセットです。2万種以上の物体名と約1400万枚の画像を収録したデータセットです。

C 4800件のラベルでタグづけされた800万本のYouTube動画データセットです。

D 100種類の画像がそれぞれ600枚ずつ、合計6万枚収録したデータセットです。

E 2012年の画像認識のコンペティションILSVRCで使われたImageNetの中から抽出されたデータセットです。

F Google画像検索でダウンロードして手作業で256カテゴリに分類された3万607画像のデータセットです。

問12 画像についてのデータセットであるCIFAR-100に関する説明として、最も適切な選択肢を1つ選べ。

A アメリカの国立標準技術研究所が提供する手書き数字の画像データセットです。

B スタンフォード大学がインターネット上から画像を集めて分類したデータセットです。2万種以上の物体名と約1400万枚の画像を収録したデータセットです。

C 4800件のラベルでタグづけされた800万本のYouTube動画データセットです。

D 100種類の画像がそれぞれ600枚ずつ、合計6万枚収録したデータセットです。

E 2012年の画像認識のコンペティションILSVRCで使われたImageNetの中から抽出されたデータセットです。

F Google画像検索でダウンロードして手作業で256カテゴリに分類された3万607画像のデータセットです。

問13 画像のデータセットであるMNISTに関する説明として、最も適切な選択肢を1つ選べ。

A アメリカの国立標準技術研究所が提供する手書き数字の画像データセットです。

B スタンフォード大学がインターネット上から画像を集めて分類したデータセットです。2万種以上の物体名と約1400万枚の画像を収録したデータセットです。

C 4800件のラベルでタグづけされた800万本のYouTube動画データセットです。

D 100種類の画像がそれぞれ600枚ずつ、合計6万枚収録したデータセットです。

E 2012年の画像認識のコンペティションILSVRCで使われたImageNetの中から抽出されたデータセットです。

F Google画像検索でダウンロードして手作業で256カテゴリに分類された3万607画像のデータセットです。

問14 画像についてのデータセットであるCaltech-256に関する説明として、最も適切な選択肢を1つ選べ。

A アメリカの国立標準技術研究所が提供する手書き数字の画像データセットです。

B スタンフォード大学がインターネット上から画像を集めて分類したデータセットです。2万種以上の物体名と約1400万枚の画像を収録したデータセットです。

C 4800件のラベルでタグづけされた800万本のYouTube動画データセットです。

D 100種類の画像がそれぞれ600枚ずつ、合計6万枚収録したデータセットです。

E 2012年の画像認識のコンペティションILSVRCで使われたImageNetの中から抽出されたデータセットです。

F Google画像検索でダウンロードして手作業で256カテゴリに分類された3万607画像のデータセットです。

問15 以下の文章を読み、空欄(ア)に最もよく当てはまる選択肢を1つ選べ。

(ア)とは、入力層と出力層のみの2層からなるニューラルネットワークのことをいいます。

A 単純パーセプトロン
B ボルツマンマシン
C ネオコグニトロン
D YOLO

問16 以下の文章を読み、空欄(ア)に最もよく当てはまる選択肢を1つ選べ。

ニューラルネットワークにおいて、入力の総和を出力に変換する関数のことを、(ア)と呼ぶ。

A 活性化関数
B 誤差関数
C 変換関数
D ステップ関数

問17 以下の文章を読み、空欄(ア)に最もよく当てはまる選択肢を1つ選べ。

出力層において(ア)を利用すると、出力の合計を1にして出力を確率的に解釈できるようになる。

A ステップ関数
B tanh関数
C シグモイド関数
D ソフトマックス関数

問18 以下の文章を読み、空欄（ア）（イ）（ウ）（エ）（オ）に最もよく当てはまる選択肢をそれぞれ選べ。

ニューラルネットワークは高い表現力を持つ一方、過学習をしやすいという問題があります。
そのため過学習を防ぐテクニックが多数提案されています。

（ア）は、学習する際に、層の中のノードのうちのいくつかを無効にして学習を行い、次の更新では別のノードを無効にして学習を行うことを繰り返す手法です。
（イ）は、学習において複雑さが増すことに対して、罰則項を設けることによって過学習を防ぐ手法です。
（ウ）は、ミニバッチごとの各チャネルのデータを平均が0、分散が1となるように正規化を行う手法です。その結果、入力の分布が学習途中で大きく変わる内部共変量シフトを防ぐことができます。
（エ）は、手持ちのデータになんらかの加工を行って、量を水増しすることです。
（オ）は、学習時テストデータに対する誤差が増加し始めた時点で学習を終了させる方法です。

A ドロップアウト
B 正則化
C バッチ正規化
D データ拡張
E 初期停止

問19 以下の文章を読み、空欄(ア)に最もよく当てはまる選択肢を1つ選べ。

関数の最小値を探す最適化には様々な手法があります。(ア)は、運動量(モメンタム)と呼ばれる物理量を用いて過去の重みの更新量を考慮して重みの更新を行う方法です。

A AdaGrad
B モメンタム法
C RMSprop
D Adam

問20 以下の文章を読み、空欄(ア)に最もよく当てはまる選択肢を1つ選べ。

(ア)は、オンライン学習を用いた勾配降下法のことをいいます。オンライン学習とは、ランダムに抽出した1つのサンプルだけを使ってパラメータを更新する方法です。

A EMアルゴリズム
B 確率的勾配降下法
C ニュートン法
D 最急勾配法

答え合わせ

問1 正解：（ア）C、（イ）D

解説

　強化学習は学習の種類を表す言葉です。特徴量抽出は、入力データから特徴量と呼ばれる数値を抽出することをいいます。

問2 正解：B

解説

　u＝1.4・3＋0.5・2＋(-2.5)・1＝2.7となり、0以上の値であるため、クラス2に分類されます。

問3 正解：C→E→B→A→Dの順に学習を行います。

解説

　本章の解説（Theme 3.1）をご確認ください。

問4 正解：B

解説

A × 正しい。

B ○ 結果の根拠はわかりません。

C × 正しい。

D × 正しい。

問5 正解：（ア）C、（イ）E、（ウ）B、（エ）A、（オ）D

解説

　恒等関数とは、入力値と同じ値を出力する関数のことです。また、ソフトマックス関数は、出力される値の合計が1になるように変換する関数です。

問6 正解：（ア）B、（イ）D、（ウ）A、（エ）C

解説

　KLダイバージェンスは、2つの確率分布がどの程度似ているかを表す尺度のことをいいます。

問7 正解：（ア）A、（イ）A、（ウ）B

解説

　学習率が大きいときは、収束が速く学習にかかる時間が短くなりますが、最終的な誤差は大きくなる傾向があります。一方、学習率が小さいときは、収束が遅く学習にかかる時間が長くなりますが、最終的な誤差は小さくなります。

問8 正解：（ア）C、（イ）A、（ウ）B

解説

　本章の解説（Theme3.1）をご確認ください。

問9 正解：（ア）B、（イ）D、（ウ）A、（エ）C

解説

　本章の解説（Theme3.2）をご確認ください。

問10 正解：（ア）D、（イ）B、（ウ）A、（エ）C

解説

　本章の解説を（Theme4.2）ご確認ください。

問11 正解：B

解説

　本章の解説（Theme4.2）をご確認ください。

問12　正解：D

解説

本章の解説(Theme4.2)をご確認ください。

問13　正解：A

解説

本章の解説(Theme4.2)をご確認ください。

問14　正解：F

解説

本章の解説(Theme4.2)をご確認ください。

問15　正解：(ア)A

解説

本章の解説(Theme2.2)をご確認ください。

問16　正解：(ア)A

解説

本章の解説(Theme2.2)をご確認ください。

問17　正解：(ア)D

解説

本章の解説(Theme2.2)をご確認ください。

問18　正解：(ア)A、(イ)B、(ウ)C、(エ)D、(オ)E

解説

本章の解説(Theme3.2)をご確認ください。

問 19 　正解：(ア) B

解説

本章の解説(Theme 3.3)をご確認ください。

問 20 　正解：(ア) B

解説

本章の解説(Theme 3.1)をご確認ください。

第6章

ディープラーニングの基本

畳み込みニューラルネットワーク

畳み込みニューラルネットワーク（CNN；Convolutional Neural Network）は主に画像に適用されるニューラルネットワークです。

Navigation

要点をつかめ！

ADVICE!

学習アドバイス

画像を扱う手法は研究が盛んで、様々なものが提案されています。また、学習済みモデルを利用するために、転移学習や蒸留という手法が提案されています。前章のディープラーニングの基本を理解した上で、1つずつしっかり理解していきましょう。

キーワードマップ

● 畳み込みニューラルネットワークの基本
- 順伝播型ニューラルネットワーク
- 局所結合構造
- 畳み込み
- プーリング
  - 平均値プーリング
  - 最大値プーリング
  - サブサンプリング
  - グローバルアベレージ
  - プーリング
- MobileNet
  - Depthwise Separable
  - Convolution
- 全結合層
- パディング
- 重み共有
- 白色化、ヒストグラム平坦化、平滑化、グレースケール化

● 代表的なモデル
- ネオコグニトロン
- AlexNet
- GoogLeNet
- LeNet
- ResNet
- VGG16
- カプセルネットワーク
- Neural Architecture
- Search（NAS）
  - EfficentNet
  - NASNet
  - MnasNet

● 学習済みモデルの利用
- 転移学習
- 蒸留

詳しく見てみよう

1　畳み込みニューラルネットワークの基本

　畳み込みニューラルネットワーク（CNN）は、**順伝播型ネットワーク**の一種で、主に画像認識に応用されています。畳み込みニューラルネットワークは、畳み込み層とプーリング層によって構成されます。これまで紹介した順伝播型ネットワークでは、隣接している層のユニットがすべて結合していました。一方で、畳み込みニューラルネットワークの畳み込み層とプーリング層は、隣接している層の特定のユニットだけが結合しているという**局所結合構造**を持っています。

　畳み込みニューラルネットワークの構成は、入力層から出力層へ、畳み込み層とプーリング層の順で並び、隣接する層の間のすべてのユニットが結合している全結合層が配置されます（図6.1：畳み込み＝Convolutions、全結合＝Full Connection）。入力層近くでは局所的な特徴を抽出し、出力層に近づくにつれて大局的な特徴を抽出します。

　画像は、縦、横、チャネルという3次元の情報を持っていて、空間方向は、縦と横によって構成されます。グレースケールの画像のチャネル数は1であり、カラー画像のチャネルは、赤、緑、青の3種類のチャネルで構成されます。以下では、グレースケールの入力画像を考えます。

▼図6.1　畳み込みニューラルネットワーク[1]

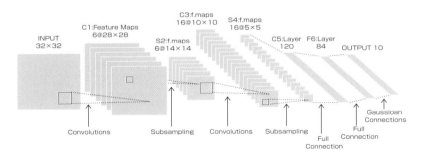

●畳み込みニューラルネットワークは、様々なモデルが提案されています。1つずつ確認しましょう。

畳み込み層では、まずパディングを行います。**パディング**とは、入力画像のフチを固定値で埋めることをいいます（図6.2）。パディングを行うと、入力画像と同じサイズの出力結果（特徴マップ）を得ることができます。そして、一定の画素分だけずらしながら畳み込みを計算します。**畳み込み**とは、入力画像の要素とそれに対応するフィルタの要素との間の積を計算し、これらの和を求めることをいいます（図6.3）。また、一定の画素分だけずらす間隔をストライドといいます（図6.4）。最後に、こうして得られた畳み込みの値に活性化関数を適用します。

▼図6.2　パディング

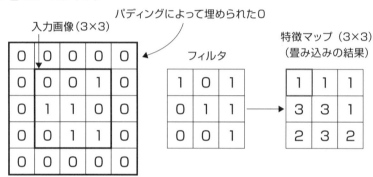

サイズが3×3の入力画像に0パディングを適用
（畳み込みを行うと入力画像と同じサイズの特徴マップが得られます）

　畳み込み層における重みは、全ユニットで同じです。これを**重み共有**といいます。その結果、畳み込み層のパラメータ数は**全結合層**のパラメータと比べて減少して、計算量が少なくなるという特徴があります。

　プーリング層は通常、畳み込み層の後に配置されます。**プーリング**とは、畳み込みによって得た特徴マップから重要な要素を残しながら、データ量を削減する方法です。特徴マップを、2×2、3×3などの小さなサイズの区画に分けて、その区画内における最大値や平均値などを出力します。このとき、最大値を使うものを**最大値プーリング**といい、平均値を使うものを**平均値プーリング**といいます。プーリングは、**サブサンプリング**と呼ばれることもあります。畳み込み層で抽出された特徴の位置感度を下げることによって、画像内で位置がわずかに変化した場合でも、プーリング層における出力が変わらないようにしています（図6.5）。

　また、**グローバルアベレージプーリング（GAP）**は、各チャンネルの平均を求めることで、1つにまとめる処理のことをいい、全結合代わりに用いられることが増えてきています。

▼ 図6.3　畳み込み

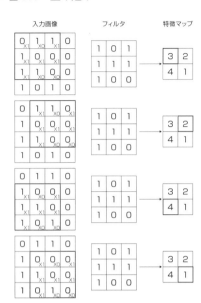

▼ 図6.4　ストライドが2のときの畳み込み

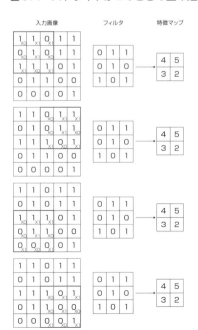

6

ディープラーニングの基本

▼**図6.5　Maxプーリング**

各領域内の最大のものを選択します。

入力画像

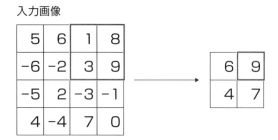

　使用できるメモリ量が限られているモバイル端末などでも利用できるように、畳み込み層のパラメータ数を削減した畳み込みニューラルネットワークが提案されています。以下では、チャネル数が3のカラー画像を考えます。例えば、**MobileNets**では、通常の畳み込み処理の代わりに計算量の少ない**Depthwise Separable Convolution**が用いられます。通常の畳み込みが空間方向とチャネル方向の畳み込みを同時に行います。一方で、Depthwise Separable Convolutionでは、空間方向に**Depthwise Convolution**を行なってから、チャネル方向に**Pointwise Convolution**を行ないます。Depthwise Convolutionでは、1チャネルに対して、それぞれ1つのフィルタが対応づけられていて、チャネルごとに対応したフィルタで畳み込みが行われます。また、Pointwise Convolutionは、1x1の畳み込みを行われます。

　この章で紹介した畳み込みニューラルネットワークにおける層数、層内のニューロン数、フィルタサイズ、パディングの方法、ストライド幅、プーリングの方法は、すべてパイパーパラメータとみなすことができます。

　入力画像に対して、**グレースケール化**や平滑化、ヒストグラム平均などの前処理を行うことが多くあります。

グレースケール化	カラー画像をモノクロ画像に変換します。その結果、計算量を削減できます。
平滑化	細かなノイズを除去します。
ヒストグラム平均	画像全体の明暗を平均化させて、コントラストが高い画像を得る方法です。

2　代表的なモデル

ネオコグニトロンは、1980年代に福島邦彦によって提案された生物の脳の視覚野における神経科学における知見をモデル化したニューラルネットワークです。ネオコグニトロンは、CNNに大きな影響を与えました。

1998年に提案された**LeNet**は、CNNの元祖となるネットワークで、多層のCNNにはじめて誤差逆伝播法が用いられています。2012年にILSVRCで優勝した**AlexNet**（図6.6）や、2014年に優勝したインセプションモジュールというブロックから構成される**GoogLeNet**があります。インセプションモジュールは、複数の畳み込み層を並列に適用し、それぞれの畳み込み計算の結果を最後に連結しています。また、オックスフォード大学で開発された畳み込み13層、全結合層3層で計16層あるネットワークで構成される**VGG16**があります。2015年にはMicrosoftが開発した**ResNet**の精度が人間のレベルに達したと注目を集めました。ResNetは、スキップコネクションを用いた残差を学習することで最大1,000層以上の深いニューラルネットワークを構築します。スキップコネクションとは、2つの層を繋いで、そのままの値を渡します。スキップコネクションを用いることによって、深いニューラルネットワークで学習することができます。

CNNは層の数を増やすと、パラメータ数が膨大になって学習が困難になりました。例えばAlexNetのパラメータ数は、6,000万個もありました。ResNetはこの問題を解消して、層が深くなっても学習ができるようになりました。

ジェフリー・ヒントンらによって2017年に提案されたカプセルネットワークは、従来のニューラルネットワークの性能を超えるものとして注目を集めています。従来のCNNは、プーリングによって特徴間の空間的な関係が失われてしまうという問題がありました。そこでカプセルネットワークでは、従来の手法が一つの数値を出力しているのに対して、空間情報をベクトルとして出力することによって、選択的に次の層へ情報を渡しています。

▼ **図6.6　AlexNet** [2]

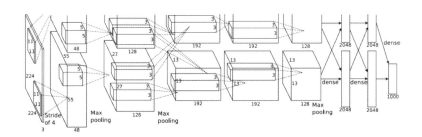

6

ディープラーニングの基本

195

さらに近年では、生成したネットワーク構造の精度が最大化されるように、各層のフィルタサイズやフィルタ数などのネットワーク構造を生成する**Neural Architecture Search（NAS）**が提案されています。NASでは、進化的アルゴリズム、ベイズ最適化、強化学習などが用いられていて、**EfficientNet**、**NASNet**、**MnasNet**などの手法が提案されています。

EfficientNetはモデルの深さ、広さと入力画像の大きさの3つを効率的に調整していて、従来よりも少ないパラメータ数で高い精度を出しています。**NASNet**では、計算コストを抑えるために、畳み込み層によって構成されるセルと呼ばれるネットワーク構造を、CIFAIR-10などの小規模なデータセットを用いて探索します。そして、セルのコピーを積み重ねることによって構築したネットワークに対して、ImageNetなどの大規模なデータセットに適用しています。**MnasNet**は、モバイル端末上で実行できるニューラルネットワークの構造を探索するアプローチのことをいいます。

3 学習済みモデルの利用

既存の学習済みニューラルネットワークモデルを活用する手法に転移学習と蒸留があります。**転移学習**とは、既存の学習モデルを新しい課題のデータに利用する手法です。既存の学習モデルの重みを変更しないため、小規模なデータと少ない計算量で学習モデルを作成することができます。また、**蒸留**とは、大規模なニューラルネットワークのモデルの入出力を小規模なモデルに学習させる手法です。これらを行うことによって、少ない計算量で学習することができるようになり、過学習が起こりにくくなります。

得点アップ講義

\\POINT UP!//

畳み込み、プーリング、パディングは、自分で計算できるようにしておきましょう。

Theme

2

重要度：★★★

再帰型ニューラルネットワーク

再帰型ニューラルネットワーク(RNN, Recurrent Neural Network) は、音声や自然言語などの系列データを扱うことができるニューラルネットワークです。

Navigation

要点をつかめ！

ADVICE!

学習アドバイス

時系列データのニューラルネットワークによる分析も様々な手法が提案されていて、画像に次ぐニーズがあります。Bidirectional RNN、RNN encoder-decoder、アテンションが提案されていて、最新の手法でも使われています。

キーワードマップ

- 時間依存の情報が含まれる系列データ
- 再帰構造（内部にループ構造を持つ）
- LSTM
- メモリ・セル、入力ゲート、忘却ゲート
- エルマンネット、ジョーダンネット
- GRU
- BPTT
- Bidirectional RNN
- RNN Encoder-Decoder
- アテンション

出題者の目線

- 再帰型ニューラルネットワークは、これまでの手法とどこが違うのかしっかり理解しましょう。

197

詳しく見てみよう

1 再帰型ニューラルネットワーク（RUN）

　再帰型ニューラルネットワーク（RUN）は、内部に再帰構造を持つニューラルネットワークです。RNNはこの構造によって、情報を一時的に記憶できるようになったため、理論的には過去のすべての入力データを扱えるようになりました。その結果、RNNは音声認識や自然言語処理などの系列データに利用されています。

　代表的なネットワーク構造である単純再帰型ネットワークには、ジョーダンネットとエルマンネット（図6.7）があります。これらのネットワークには、文脈ユニットがあります。文脈ユニットが直前の状態を記憶することによって、過去の状態を記憶することができます。ジョーダンネットでは、入力層は入力信号を処理する入力ユニットと、直前の出力層の状態を入力とする文脈ユニットとで構成されています。エルマンネットでは、入力層は入力信号を処理する入力ユニットと、直前の中間層の状態を入力とする文脈ユニットとで構成されています。

▼図6.7　RNNの例

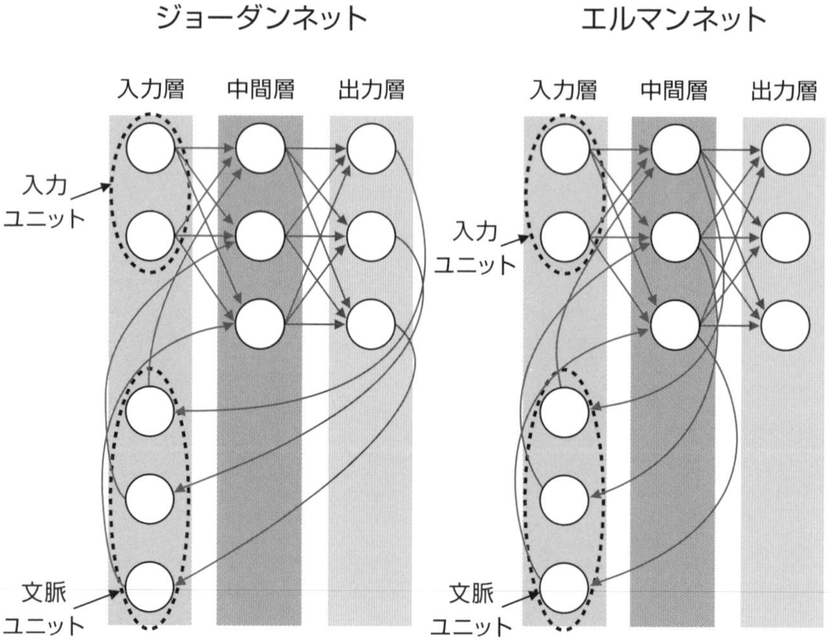

した。そこで、**LSTM**が提案されました。LSTMは、RNNの中間層のユニットをメモリとメモリ・セル、入力ゲート、忘却ゲートの3つのゲートを持つLSTM blockに置き換えることで、系列データにおいても勾配を消失せずに学習することを実現しました。

　RNNにおける学習は、時間を過去に遡って反映する**BPTT（Backpropagation Through Time）法**が使われています。また、LSTMを簡略化した手法として、**GRU**があります。

　一般的なRNNでは、過去から未来の情報のみを使って学習していますが、**双方向RNN（Bidirectional RNN）**は未来から過去への情報も同時に学習することによって、精度を向上させています（図6.8）。ただし、双方向RNNは、未来の情報がわかっていなければ使うことができません。そこで、文章の推敲や機械翻訳、フレーム間の補完などに利用されています。

▼ 図6.8 双方向RNN（Bidirectional RNN）

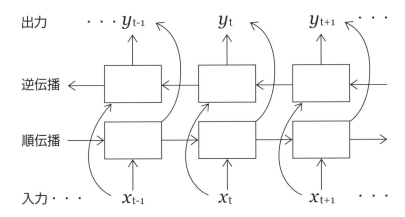

　ディープラーニングを利用することによって、機械翻訳、音声認識やキャプション生成の精度が大きく向上しました。それは、エンコーダとデコーダにRNNを用いた**RNN Encoder-Decoder**が提案されたことが理由の1つです。このモデルは、エンコーダとデコーダの2種類のネットワークによって構成され、エンコーダとデ

得点アップ講義
　RNNとLSTMのそれぞれの特徴と違いを理解しておきましょう。

\POINT UP!/

コーダには、RNNが用いられています。エンコーダは入力データを符号化し、デコーダは符号化された入力情報を復号化します。（図6.9）。

　系列データを入力として得て、系列データを出力するモデルのことを、sequence-to-sequenceといいます。RNN Encoder-Decoderもこのモデルに含まれます。機械翻訳、音声認識やキャプション生成では、系列データを入力として得て、系列データを出力することから、sequence-to-sequenceが使われています。

　以下では、英語x_1, x_2, x_3, x_4から日本語y_1, y_2, y_3への機械翻訳を例に挙げてRNN Encoder-Decoderの仕組みを説明します。はじめに、エンコーダは英語の単語系列を受け取り、エンコーダから出力された系列をデコーダに渡します。そしてデコーダは、エンコーダから出力された系列と1つ前に出力した単語の情報を入力として受け取り，次の単語を出力します（図6.9）。

　このとき、精度の改善のために、**アテンション**という仕組みが提案されています。アテンションは、エンコーダのパラメータを利用して、デコーダにおいてどの単語にフォーカスするべきかを決めます。

　2018年末にGoogleが発表した**BERT**は、多様なベンチマークで従来の記録を上回る結果を出し、SQuADというベンチマークでは人間を上回る精度を記録しています。このモデルの特徴は、文章中の単語をランダムにマスクして、マスクした単語を周辺の情報から予測することです。**SQuAD**は、スタンフォード大学が提供している約10万個の質問応答についてのデータセットです。

▼ **図6.9　RNN Encoder-Decoder**

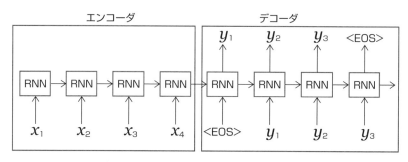

EOS は End of sequence の略で文章の終わりを表します。

Theme

3

重要度：★★☆

自己符号化器 （Autoencoder）

2層の自己符号化器は、単層のニューラルネットワークとそれを反転させて作った2層のネットワークで構成されています。次元圧縮やニューラルネットワークの事前学習にも利用されています。

Navigation

要点をつかめ！

ADVICE!

学習アドバイス

積層自己符号化器とファインチューニングが勾配消失問題をどのようにして解決したのかを、しっかり押さえましょう。

キーワードマップ

- 次元圧縮
- 隠れ層
- 主成分分析
- 積層自己符号化器
- ファインチューニング

出題者の目線

- 自己符号化器は、ネットワークの前処理でも使われています。どうしてこのような目的にも使うことができるのかしっかり理解しましょう。

詳しく見てみよう

1 自己符号化器

自己符号化器（Autoencoder）は、出力が入力に近づくようにニューラルネットワークを学習させる手法です。データの特徴獲得や**次元圧縮**ができます。

2層の自己符号化器は、単層のニューラルネットワークとそれを反転させて作った2層のネットワークで構成されます。左から順に、入力層、中間層、出力層と呼びます。中間層のユニット数は、入力層・出力層よりも少ない構造を持ちます（図6.10）。

▼図6.10　自己符号化器

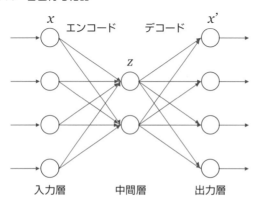

得点アップ講義

自己符号化器の構造をイメージできるようにしておきましょう。

\POINT UP!/

　最初のネットワークで符号化（エンコード）を行い、次のネットワークで復号化（デコード）を行っています。このとき、入力データがなるべく出力データに近づくように学習を行います。その結果、中間層（隠れ層）が、次元を削減した入力データの特徴を抽出しています。活性化関数に恒等写像を用いた3層の自己符号化器の結果は、**主成分分析**で得られる結果と実質的に同じです。自己符号化器は、多層のネットワークを使うことで、主成分分析ではできない非線形な特徴の抽出や次元圧縮ができるようになりました。

　教師ありの順伝播ニューラルネットワークでは、勾配消失という問題がありました。この問題の解決策の一つとして自己符号化器を用いた事前学習があります。自己符号化器を用いた事前学習を行うために、まず、対象の多層ネットワークを1層ずつ単層ネットワークに分割します。そして、入力層側から順に、分割された単層ネットワークを自己符号化器として学習を行います。このように、自己符号化として学習した単層ネットワークを積み重ねたものを**積層自己符号化器**と呼びます（図6.11）。このような、事前学習によってパラメータを初期化することによって、勾配消失が起こりにくくなることがわかっています。

▼図6.11　積層オートエンコーダ

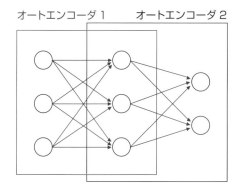

オートエンコーダ1　　　オートエンコーダ2

積層自己符号化器を積み重ねるだけでは、出力することができません。そこで、出力にシグモイド関数または、ソフトマックス関数などを足すことでネットワークを完成させます。そして、このとき追加した出力層の重みを学習するために、ネットワーク全体で学習を行います。このように既存の学習済みのモデルを再学習する方法を**ファインチューニング**と呼びます (図6.12)。

▼図6.12　ファインチューニング

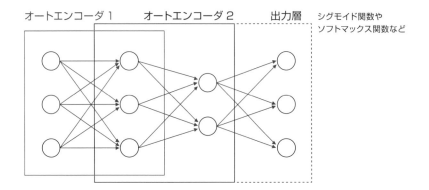

コラム　古典的な人工知能問題の例 「宣教師と人食い人種」

　人工知能の教科書によく載っている探索の問題に、「宣教師と人食い人種」というものがあります。問題は以下の通りです。

　3人の宣教師と3人の人食い人種が、2人乗りのボートで対岸に渡ろうとしています。ボートの上や川岸で宣教師の数より人食い人種の数が多くなると，宣教師は人食い人種に食べられます。ただし、ボートの上で宣教師が食べられる心配はする必要はありません。このような状況の中で、宣教師が食べられることなく川を渡るには、どのような順番で渡れば良いでしょうか。

　答えに興味がある方は、「宣教師と人食い人種」で検索しください。わかりやすく解説されているWebページがたくさんあります。

Theme

4

重要度：★★☆

深層強化学習

ディープラーニングの強化学習への応用も盛んに行われています。本節では、そのきっかけとなったDQNからその応用までを紹介しています。

Navigation

要点をつかめ！

ADVICE!

学習アドバイス

強化学習と、これまで紹介した学習の手法との違いを理解しましょう。また、ディープラーニングのどこで強化学習が使われているのか押さえておきましょう。

キーワードマップ

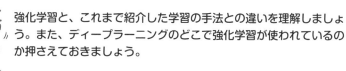

- 深層強化学習
  - DQN
  - ダブルDQN
  - デュエリングネットワーク
  - ノイジーネットワーク
  - Rainbow

出題者の目線

- 深層強化学習は、DQN以降に注目を浴びるようになりました。今後もさらなる発展が期待されています。

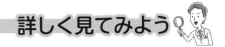

詳しく見てみよう

1 深層強化学習

　DeepMindが開発した**DQN（Deep Q-Network）**は、強化学習において行動価値関数の関数近似に畳み込みニューラルネットワークを用いた方法です。Atari社の家庭用ゲームを人間と同等か、それ以上のスコアを上げられるようになったことが、深層強化学習が注目を浴びるきっかけになりました。ニューラルネットワークの学習を安定化させるために、経験再生とターゲットネットワークという技術を利用していることが特徴です。

　経験再生とは、行動の結果を逐次学習するのではなく、行動履歴からランダムに抽出する手法のことです。データ間の相関が小さくなり、偏りの小さいデータが得られることによって、効率の良い学習ができるようになります。

　また、ターゲットネットワークとは、一定期間パラメータを固定したネットワークを利用します。これによって、安定した学習を実現しています。

　DQNを発展させた手法に、**ダブルDQN**、**デュエリングネットワーク**、**ノイジーネットワーク**、**Rainbow**などがあります。

　ダブルDQNは、DQNにおける価値の推定精度を上げるために提案された手法です。DQNではQ関数を更新するときに、途中で最大値を選択する部分があるため、実際よりも過大に評価されてしまいます。そこで、ダブルDQNでは、行動を選択するネットワークと、Q関数を更新するネットワークを2つに分けることによって、Q値が過大に評価される問題を低減しています。

　デュエリングネットワークは、Q-Networkの途中で、行動価値関数を状態価値関数と行動のアドバンテージ関数に分解します。そして、最後に足し合わせて、行動価値関数を出力します。

　DQNではε-greedy法によって行動を選択しています。ε-greedy法では、ハイパーパラメータであるεの値が結果に大きな影響を与えます。しかし、適切な値を設定することは容易ではありません。このような問題を解決するために、**ノイジーネットワーク**が提案されました。

　ノイジーネットワークは、ニューラルネットワークにおける重みやバイアスに、ランダムなノイズを加えて、その量を調整することによって、ランダムな行動を行う頻度を調整しています。

　Rainbowは、DQNに、ダブルDQNや優先度付き経験再生、デュエリングネットワーク、カテゴリカルDQN、ノイジーネットワーク、Multi-Step learningを追加した手法です。

コラム　Transformerの発展

　Transformerは、当初は自然言語処理のために提案された手法です。その後、画像認識の分野で使われるようになって（Vision Transformer[4]）、強化学習にも応用（Decision Transformer[5]）されています。さらに、マルチモーダルなモデルの研究が発展していて、同じ構造のモデルにおいて重みを変えずに、テレビゲームをしたり、チャットボットになったり、画像にキャプションを付けたり、ロボットアームを操作できたりする手法が提案されています（Gato[6]）。

今後も、Transformerを使った研究の発展に目が離せません。

[4] Dosovitskiy A, Beyer L, Kolesnikov A, Weissenborn D, Zhai X, Unterthiner T, Dehghani M, Minderer M, Heigold G, Gelly S, Uszkoreit J and Houlsby N. (2020). An Image is Worth 16x16 Words: Transformers for Image Recognition at Scale. arXiv:2010.11929.
[5] Chen L, Lu K, Rajeswaran A, Lee K, Grover A, Laskin M, Abbeel P, Srinivas A and Mordatch I. (2021). Decision Transformer: Reinforcement Learning via Sequence Modeling. arXiv:2106.01345.
[6] Reed S, Zolna K, Parisotto E, Colmenarejo S G, Novikov A, Barth-Maron G, Gimenez M, Sulsky Y, Kay J, Springenberg J T, Eccles T, Bruce J, Razavi A, Edwards A, Heess N, Chen Y, Hadsell R, Vinyals O, Bordbar M and Freitas N de. (2022). A Generalist Agent. arXiv:2205.06175.

6
ディープラーニングの基本

得点アップ講義

\\ POINT UP! //

DQN以降の手法について、どのような問題を改善したのかをしっかり押さえておきましょう。

Theme

5

重要度：★★☆

その他の手法

ディープラーニングの応用では、CNN、RNN、自己符号化器、深層強化学習以外にも画像生成の利用が盛んに行われています。本節では、ボルツマンマシンと深層生成モデルであるGANとVAEを紹介します。

Navigation

要点をつかめ！

ADVICE!

学習アドバイス

GANやVAEを使った新しい手法が提案されています。基本事項をおさえて、新しい研究動向を自分で理解できるようになる準備をしておきましょう。

キーワードマップ

- ●ボルツマンマシン
- ●制約ボルツマンマシン
  - └─ 深層信念ネットワーク
- ●深層生成モデル
  - ├─ 敵対的生成ネットワーク（GAN）
    - ├─ 画像生成器
    - ├─ 画像識別器
    - └─ 画像分類器
  - ├─ DCGAN
  - └─ 変分自己符号化器（VAE）

出題者の目線

- ●GANやVAEによる深層生成モデルは、現在注目を集めている分野です。

詳しく見てみよう

1 ボルツマンマシン

ボルツマンマシンは、ジェフリー・ヒントンらによって1985年に提案された、確率的に動作するニューラルネットワークのことです。ネットワークの動作に温度の概念を取り入れています。**ボルツマンマシン**には、観測できる可視変数と、外部から見ることができない隠れ変数があります。さらに、可視変数と隠れ変数との間にのみ結合があり、可視変数同士、隠れ変数同士の結合を持たないように制約を加えたものを、**制約ボルツマンマシン**といいます。

また、**深層信念ネットワーク**は、制約ボルツマンマシンを層状に積み重ねて、入力層に近い層から順に、1つずつ学習させたネットワークです。

2 深層生成モデル

生成モデルは、訓練データを学習し、それらのデータと似たような新しいデータを生成することができるモデルです。ディープラーニングを利用した生成モデルである深層生成モデルには、**GAN（Generative Adversarial Network, 敵対的生成ネットワーク）**や**VAE（Variational AutoEncoder, 変分自己符号化器）**があります。

GANは、FacebookのAI研究所所長であるヤン・ルカンから「機械学習において、この10年間でもっともおもしろいアイデア」であると紹介されています。**画像生成器（Generator）**と**画像識別器（Discriminator）**という2つのニューラルネットワークで構成されています（図6.14）。画像生成器は入力されたノイズから訓練データと同じようなデータを生成しようとする一方、画像識別器はデータが訓練データであるか、画像生成器から生成されたものであるかを識別します。この2つのネットワークを交互に競合させ学習を進めることで、画像生成器は本物のデータに近い偽物データを生成できるようになります。

VAEは、自己符号化器の潜在変数部分に確率分布を導入した手法です。

▼図6.14　GAN

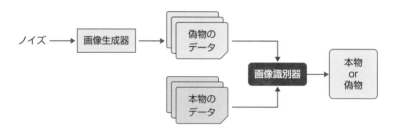

GANは、生成したイメージを演算操作する機能を持っています。例えば、「眼鏡をかけた男性」ー「眼鏡をかけていない男性」＋「眼鏡をかけていない女性」＝「眼鏡をかけた女性」というイメージを演算操作することができます（図6.15）。

▼図6.15　GANによる画像生成の例[3]

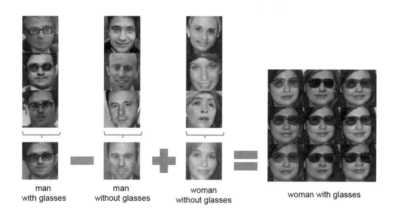

ニューラルネットワークの代わりに畳み込みニューラルネットワークを用いたものを**DCGAN**といいます。DCGANによって、より高解像度な画像を生成することができるようになりました。

Question 問題を解いてみよう

問1 4×4のサイズの画像に対して、2×2のフィルタを用い、パディング1、ストライド2で畳み込みを行う。出力画像のサイズを答えなさい。

問2 空欄（ア）（イ）に最もよく当てはまる選択肢をそれぞれ1つずつ選びなさい。また、空欄（ウ）に当てはまらない選択肢を1つ選びなさい。

RNNは、（ア）ニューラルネットワークです。RNNはこの構造によって、（イ）できるようになったため、理論的には過去のすべての入力データを扱えるようになりました。その結果、（ウ）のような系列データを扱えるようになりました。

（ア）に入る言葉は以下のどれか。

A　畳み込み
B　順伝播型
C　内部に再帰構造を持つ
D　確率的

（イ）に入る言葉は以下のどれか。

A　空間的な情報を考慮した処理が
B　情報を一時的に記憶させることが
C　計算量を削減
D　前処理をせずに処理

（ウ）に当てはまらない言葉は以下のどれか。

A　音声データ
B　画像データ
C　自然言語のデータ

6

ディープラーニングの基本

問3　空欄（ア）（イ）（ウ）に最もよく当てはまる選択肢をそれぞれ1つずつ選びなさい。

自己符号化器（Autoencoder）は、出力が入力に近づくようにニューラルネットワークを学習させる手法です。中間層（隠れ層）が、入力データの特徴獲得や次元圧縮を行っています。活性化関数に恒等写像を用いた3層の自己符号化器の結果は、（ア）で得られる結果と実質的に同じです。

教師ありの順伝播ニューラルネットワークでは、勾配消失という問題がありました。この問題を解決するために、自己符号化して学習した単層ネットワークを積み重ねた（イ）を使ってパラメータを初期化することによって、勾配消失が起こる可能性を減らしています。

（ア）に入る言葉は以下のどれか。

A　　主成分分析

B　　回帰分析

C　　決定木

D　　k-Means法

（イ）に入る言葉は以下のどれか。

A　　パラメータチューニング

B　　積層自己符号化器

C　　転移学習

D　　ファインチューニング

問4 空欄（ア）（イ）（ウ）に最もよく当てはまる選択肢をそれぞれ1つずつ選びなさい。

GANは画像生成器（Generator）と画像識別器（Discriminator）という2つのニューラルネットワークで構成されています。（ア）は入力されたノイズから訓練データと同じようなデータを生成しようとする一方、（イ）はデータが訓練データであるか、（ア）から生成されたものかを識別します。この2つのネットワークを交互に競合させ学習を進めることで、（ウ）は本物のデータに近い偽物データを生成できるようになります。

（ア）に入る言葉は以下のどれか。

A　　　画像識別器

B　　　画像生成器

（イ）に入る言葉は以下のどれか。

A　　　画像識別器

B　　　画像生成器

（ウ）に入る言葉は以下のどれか。

A　　　画像識別器

B　　　画像生成器

問5 空欄（ア）（イ）に最もよく当てはまる選択肢をそれぞれ1つずつ選びなさい。

既存の学習済みニューラルネットワークモデルを活用する手法に（ア）と（イ）があります。（ア）とは、既存の学習モデルを新しい課題のデータに利用する手法です。既存の学習モデルの重みを変更しないため、小規模なデータと少ない計算量で学習モデルを作成することができます。また、（イ）とは、大規模なニューラルネットワークのモデルの入出力を小規模なモデルに学習させる手法です。このようなことを行うことによって、少ない計算量で学習することができ

るようになり、過学習が起こりにくくなります。

A 転移学習
B 蒸留

問6 空欄（ア）（イ）（ウ）（エ）（オ）に最もよく当てはまる選択肢をそれぞれ 1 つずつ選びなさい。

1998 年に提案された(ア) は、CNNの元祖となるネットワークで、多層のCNNにはじめて誤差逆伝播法が用いられています。2012年にILSVRCで優勝した(イ) や、2014 年に優勝したインセプションモジュールというブロックから構成される(ウ)、オックスフォード大学で開発された畳み込み13層、全結合層 3層で計16層あるネットワークで構成される(エ) があります。2015 年にはMicrosoft が開発した(オ) の精度が人間レベルに達したと注目を集めました。(オ) は、スキップコネクションを用いた残差を学習することで最大1000層以上の深いニューラルネットワークを構築します。CNNは層の数を増やすと、パラメータ数が膨大になって学習が困難になりました。例えば(イ) のパラメータ数は、6,000万個もありました。(オ) はこの問題を解消して、層が深くなっても学習ができるようになりました。

A AlexNet
B ResNet
C LeNet
D VGG 16
E GoogLeNet

問7　空欄（ア）に最もよく当てはまる選択肢を1つ選びなさい。

一般的なRNNでは、過去から未来の情報のみを使って学習していますが、（ア）は未来から過去への情報も同時に学習することによって、精度を向上させています。ただし、（ア）は、未来の情報がわかっていなければ使うことができません。そこで、文章の推敲や、機械翻訳、フレーム間の補完などに利用されています。

A　双方向RNN（Bidirectional RNN）
B　LSTM
C　GRU
D　GAN
E　VAE

問8　空欄（ア）（イ）（ウ）に最もよく当てはまる選択肢をそれぞれ1つずつ選びなさい。

ディープラーニングを利用することによって、機械翻訳、音声認識やキャプション生成の精度が大きく向上しました。それは、エンコーダとデコーダにRNNを用いた（ア）が提案されたことが理由の1つです。機械翻訳、音声認識やキャプション生成では、系列データを入力として得て、系列データを出力します。このようなモデルのことを、（イ）といいます。

英語から日本語への機械翻訳を行う場合、はじめにエンコーダは英語の単語系列を受け取り、エンコーダから出力された系列をデコーダに渡します。そしてデコーダは、エンコーダから出力された系列と1つ前に出力した単語の情報を入力として受け取り、次の単語を出力します。このとき、精度の改善のために、（ウ）という仕組みが提案されています。（ウ）は、エンコーダのパラメータを利用して、デコーダにてどの単語にフォーカスするべきかを決めることができます。

（ア）（イ）に入る言葉は以下のどれか。

A　LSTM

B　sequence-to-sequence モデル

C　RNN Encoder-Decoder

D　GRU

（ウ）に入る言葉は以下のどれか。

A　蒸留

B　アテンション

C　ファインチューニング

D　転移学習

問9　空欄（ア）（イ）に最もよく当てはまる選択肢をそれぞれ 1 つずつ選びなさい。

教師ありの順伝播ニューラルネットワークでは、勾配消失という問題がありました。この問題の解決策の1つとして自己符号化器を用いた事前学習があります。自己符号化器を用いた事前学習を行うために、まず、対象の多層ネットワークを1層ずつ単層ネットワークに分割します。そして、入力層側から順に、分割された単層ネットワークを自己符号化器として学習を行います。このように、自己符号化して学習した単層ネットワークを積み重ねたものを（ア）と呼びます。このような事前学習によってパラメータを初期化することによって、勾配消失が起こる可能性が減少することがわかっています。
（ア）を積み重ねるだけでは、出力することができません。そこで、出力にシグモイド関数または、ソフトマックス関数などを足すことでネットワークを完成させます。そして、このとき追加した出力層の重みを学習するために、ネットワーク全体で学習を行います。このように既存の学習モデルを再学習する方法を（イ）と呼びます。

A　蒸留

B　積層自己符号化器

C　ファインチューニング

D　アテンション

問10 空欄（ア）（イ）に最もよく当てはまる選択肢をそれぞれ 1 つずつ選びなさい。

DeepMindが開発した（ア）は、強化学習において、行動価値関数の関数近似に（イ）を用いた手法です。

（ア）に入る言葉は以下のどれか。

A　AlphaGo
B　DQN
C　深層強化学習

（イ）に入る言葉は以下のどれか。

A　畳み込みニューラルネットワーク
B　RNN
C　Q学習

問11 以下の文章を読み、空欄（ア）に最もよく当てはまる選択肢を1つ選べ。

（ア）は、ジェフリー＝ヒントンらによって1985年に提案された確率的に動作するニューラルネットワークであり、ネットワークの動作に温度の概念を取り入れている。

A　ネオコグニトロン
B　チューリングマシン
C　ボルツマンマシン
D　サポートベクターマシン

問12 以下の文章を読み、空欄（ア）（イ）に最もよく当てはまる選択肢を1つ選べ。

LSTMは、（ア）の一種であり、中間層のユニットをメモリとメモリ・セル、入力ゲート、忘却ゲートの3つのゲートに置き換えることによって、（イ）を実現しました。

(ア) に入る言葉は以下のどれか。

A　リカレントニューラルネットワーク
B　畳み込みニューラルネットワーク
C　自己符号化器
D　深層強化学習

(イ) に入る言葉は以下のどれか。

A　長い系列データにおいても勾配を消失せずに学習すること
B　計算量を低減すること
C　大量の画像を扱うこと
D　高解像度な画像を扱うこと

問13　以下の文章を読み、空欄(ア)に最もよく当てはまる選択肢を1つ選べ。

畳み込みニューラルネットワークは、主に (ア) に用いられるニューラルネットワークである。

A　時系列データ
B　画像処理
C　自然言語処理
D　音声データ

問14　以下の文章を読み、空欄(ア)に最もよく当てはまる選択肢を1つ選べ。

(ア) は、1980年代に福島邦彦によって提案された生物の脳の視覚野における神経科学における知見をモデル化したニューラルネットワークです。

A　ネオコグニトロン
B　チューリングマシン
C　ボルツマンマシン
D　畳み込みニューラルネットワーク

問15 以下の文章を読み、空欄(ア)に最もよく当てはまる選択肢を1つ選べ。

(ア)は、制約ボルツマンマシンを、層状に積み重ねて、入力層に近い層から順に、1つずつ学習させたネットワークです。

A ボルツマンマシン
B 制約ボルツマンマシン
C 深層信念ネットワーク
D ネオコグニトロン

問16 以下の文章を読み、空欄(ア)に最もよく当てはまる選択肢を1つ選べ。

(ア)は、Q学習のQテーブルをニューラルネットワークで関数近似した手法です。ニューラルネットワークの学習を安定化させるために、経験再生とターゲットネットワークという技術を利用していることが特徴です。

A ダブルDQN
B DQN
C デュエリングネットワーク
D Rainbow

問17 以下の文章を読み、空欄(ア)に最もよく当てはまる選択肢を1つ選べ。

(ア)は、DQNに、ダブルDQNや優先度付き経験再生、デュエリングネットワーク、カテゴリカルDQN、ノイジーネットワーク、Multi-Steplearningを追加した手法です。

A ダブルDQN
B DQN
C デュエリングネットワーク
D Rainbow

問18 以下の文章を読み、空欄(ア)に最もよく当てはまる選択肢を1つ選べ。

(ア)は、各チャンネルの平均を求めることで、1つにまとめる処理のことをいい、全結合代わりに用いられることが増えてきています。

A 最大値プーリング
B グローバルアベレージプーリング
C 平均値プーリング
D サブサンプリング

問19 以下の文章を読み、空欄 (ア)、(イ) に最もよく当てはまる選択肢を1つ選べ。

プーリングとは、畳み込みによって得た特徴マップから重要な要素を残しながら、データ量を削減する方法です。特徴マップを、2×2、3×3などの小さなサイズの区画に分けて、その区画内における最大値や平均値などを出力します。このとき、最大値を使うものを (ア) といい、平均値を使うものを (イ) という。

A 最大値プーリング
B グローバルアベレージプーリング
C 平均値プーリング
D サブサンプリング

問20 以下の文章を読み、空欄（ア）に最もよく当てはまる選択肢を1つ選べ。

深層生成モデルであるGANにおいて、ニューラルネットワークの代わりに（ア）を用いたものをDCGANといいます。DCGANによって、より高解像度な画像を生成することができるようになりました。

A 深層強化学習
B 畳み込みニューラルネットワーク
C 再帰型ニューラルネットワーク
D 自己符号化器

答え合わせ

問1 正解：3×3

解説

　4×4のサイズの画像にパディングを行うと、サイズは6×6になります。そして、2×2のフィルタを用い、ストライド2で畳み込みを行うと、出力画像は、3×3になります。

問2 正解：(ア)C　(イ)B　(ウ)B

解説

(ア)

A　×　**畳み込み**：間違いです。

B　×　**順伝播型**：間違いです。

C　○　**内部に再帰構造を持つ**：正しい。

D　×　**確率的**：間違いです。

(イ)

A　×　**空間的な情報を考慮した処理が**：間違いです。これはCNNの特徴です。

B　○　**情報を一時的に記憶させることが**：正しい。

C　×　**計算量を削減**：間違いです。

D　×　**前処理をせずに処理**：間違いです。

(ウ)

A　×　**音声データ**：正しい。

B　○　**画像データ**：間違いです。画像データは系列データではありません。

C　×　**自然言語のデータ**：正しい。

問3 正解：（ア）A　（イ）B

解説

（ア）

A　○　**主成分分析**：正しい。

B　×　**回帰分析**：間違いです。回帰分析は教師あり学習の手法です。

C　×　**決定木**：間違いです。決定木は教師あり学習の手法です。

D　×　**k-Means法**：間違いです。k-Means法はクラスタリングの手法です。

（イ）

A　×　**パラメータチューニング**：間違いです。パラメータチューニングとは、最適なパラメータの値を見つける方法の総称です。人による手動の手法から自動化を図った方法まで様々な手法が提案されています。

B　○　**積層自己符号化器**：正しい。

C　×　**転移学習**：間違いです。本章（Theme1.3）をご確認ください。

D　×　**ファインチューニング**：間違いです。本章（Theme3.1）をご確認ください。

問4 正解：（ア）B　（イ）A　（ウ）B

解説

本章の解説（Theme5.2）をご確認ください。

問5 正解：（ア）A　（イ）B

解説

本章の解説（Theme1.3）をご確認ください。

問6 正解：（ア）C、（イ）A、（ウ）E、（エ）D、（オ）B

解説

本章の解説（Theme1.2）をご確認ください。

問7 正解：（ア）A

解説

　LSTMは、中間層のユニットをメモリとメモリ・セル、入力ゲート、忘却ゲートの3つのゲートを持つLSTM blockに置き換えたRNNです。GRUは、LSTMを簡略化した手法です。GANとVAE は、深層生成モデルです。GANは画像生成器（Generator）と画像識別器（Discriminator）という2つのニューラルネットワークで構成されています。VAEは、自己符号化器の潜在変数部分に確率分布を導入した手法です。

問8 正解：（ア）C、（イ）B、（ウ）B

解説

　本章の解説（Theme 2.1）をご確認ください。

問9 正解：（ア）B、（イ）C

解説

　本章の解説（Theme 3.1）をご確認ください。

問10 正解：（ア）B、（イ）A

解説

　AlphaGoは、DeepMindによって開発された囲碁のプログラムです。

問11 正解：（ア）C

解説

　本章の解説（Theme5.1）をご確認ください。

問12 正解：（ア）A、（イ）A

解説

　本章の解説（Theme2.1）をご確認ください。

問13　正解：（ア）B

解説

本章の解説（Theme1.1）をご確認ください。

問14　正解：（ア）A

解説

本章の解説（Theme1.2）をご確認ください。

問15　正解：（ア）C

解説

本章の解説（Theme5.1）をご確認ください。

問16　正解：（ア）B

解説

本章の解説（Theme4.1）をご確認ください。

問17　正解：（ア）D

解説

本章の解説（Theme4.1）をご確認ください。

問18　正解：（ア）B

解説

本章の解説（Theme1.1）をご確認ください。

問19　正解：（ア）A、（イ）C

解説

本章の解説（Theme1.1）をご確認ください。

問20	正解：（ア）B

解説

　本章の解説（Theme 5.2）をご確認ください。

第 7 章

ディープラーニングの研究分野

画像認識

世界的な画像認識コンテストでディープラーニングを用いた画像認識手法が圧倒的な勝利を収めました。それによって画像認識の分野でもディープラーニングが注目を浴びています。ここでは画像認識の応用事例を理解していきます。

Navigation

要点をつかめ！

ADVICE!

学習アドバイス

画像認識分野でCNNが実績を上げて以来、ディープラーニングの応用が進んでいます。各応用手法の違いを理解することが重要です。

キーワードマップ

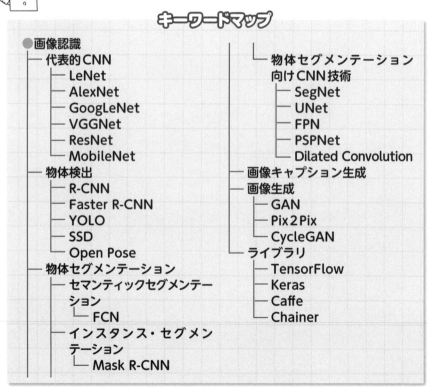

- ●画像認識
  - 代表的CNN
    - LeNet
    - AlexNet
    - GoogLeNet
    - VGGNet
    - ResNet
    - MobileNet
  - 物体検出
    - R-CNN
    - Faster R-CNN
    - YOLO
    - SSD
    - Open Pose
  - 物体セグメンテーション
    - セマンティックセグメンテーション
      - FCN
    - インスタンス・セグメンテーション
      - Mask R-CNN
  - 物体セグメンテーション向けCNN技術
    - SegNet
    - UNet
    - FPN
    - PSPNet
    - Dilated Convolution
  - 画像キャプション生成
  - 画像生成
    - GAN
    - Pix 2 Pix
    - CycleGAN
  - ライブラリ
    - TensorFlow
    - Keras
    - Caffe
    - Chainer

●物体検出1つをとってもR-CNNやYOLOなど様々なアルゴリズムがあります。それぞれのアルゴリズムの違いを選択する問題が過去に出題されています。

Lecture　詳しく見てみよう

1　画像認識における代表的畳み込みニューラルネットワークの例

(1) 画像認識における代表的畳み込みニューラルネットワーク

　画像認識分野においても、ニューラルネットワークの設計が重要であり、画像認識のタスクでは畳み込みニューラルネットワーク（**CNN**）がよく利用されており、様々な手法が考案されています。以下に代表的なCNNを紹介します。

① LeNet

　CNNは、画像認識で利用しているニューラルネットワークです。黎明期のCNNとして1998年にYann LeCunが発案した**LeNet**[1]があります。畳み込み層とプーリング層を交互に重ねたネットワークで、現在使用しているアーキテクチャの原型となります。

② AlexNet

　LeNetが登場した14年後の2012年にトロント大学のHinton教授を含むチームが考案したネットワークが**AlexNet（アレックスネット）**[2]です。画像の位置特定（Object localization）と物体検出（Object detection）の精度を競う画像認識コンテストである**ILSVRC**（ImageNet Large Scale Visual Recognition Challenge; 通称：ImageNet）において、AlexNetはサポートベクトルマシンなどの従来手法に代わり、ディープラーニングに基づくモデルとして初めて優勝しました。AlexNetは筆頭開発者であるAlex Krizhevskyの名前が由来です。AlexNetは8つの層で構成されており、最初の5層は畳み込み層でMax Poolingを3つ使用しており、後半の3層はソフトマックス関数を持つ全結合層を使用しています。ReLUやドロップアウト、データ拡張を導入し、以降のCNNの開発に大きな影響を与えました。

　2011年のILSVRCの優勝チームの認識誤り率が約26％であったのに対し、AlexNetは誤り率が約**16%**という高精度のスコアをマークし、ディープラーニングの火付け役となりました。

③ GoogLeNet

2014年には、GoogleのチームがILSVRCで **GoogLeNet** [3] を発表し、優勝しました。GoogLeNetは **inception モジュール**という、複数の異なるフィルタサイズの畳み込み処理を並列に処理するモジュール構造と、チャネルにわたってAverage Poolingを行う **Global Average Pooling（GAP）** を採用しました。

これにより、AlexNetよりも深い22層からなる構造を実現して、パラメータ数を削減することに成功しました。

④ VGGNet

2014年には、オックスフォード大学のチームも **VGGNet** [4] と呼ばれるネットワークを発表し準優勝しました。VGGNetもGoogLeNetと同様、AlexNetよりもさらに深いネットワーク構造を採用し、16層のネットワークを「VGG16」、19層のネットワークを「VGG19」と発表しました。

⑤ ResNet

Microsoft（当時）のKaiming Heによる、2015年のILSVRCで優勝したネットワークが **ResNet（Residual Network；レズネット）** [5] です。従来から層を深くしていくことで精度が高くなるというのは経験的にわかっていましたが、深くしすぎると勾配消失や勾配発散が発生してしまい、うまく学習できなくなるという問題がありました。そこで、**skip connection**と呼ばれる、層を飛び越えて入出力を直接つなぐ構造を採用することで解決を目指しました。これにより、30層を超える深さの層を実現することが可能になり、誤り率も **約3.6%** と、更なる高精度のスコアをマークしました。ResNet内で用いられる、skip connectionと畳み込み層の組み合わせを **Residual Block** と呼びます。また、ResidualBlockを工夫し、出力チャネル数を多くすることで学習の高速化を可能にしたネットワークが **Wide ResNet** [6] です。

⑥ MobileNets

CNNのモデルの精度向上以外の観点のアプローチとして高速化があり、その1つとして、2017年にGoogleが発表した **MobileNets（モバイルネット）** [7] があります。リソースに制約のある組み込み機器などで速度を考慮し、効率的に精度を上げることを可能にしたモデルです。構造的には、Depthwise Separable Convolutionを採用しています。これは、Depthwise ConvolutionとPointwise Convolutionという2つの畳み込みから構成されています。Depthwise Convolutionは、空間方向に畳み込み処理を行うもので、1チャネルにつき1フィルタで処理をします。Pointwise Convolutionは、チャネル方向に畳み込み処理を行うもので、windowsizeが1×1の畳み込み処理を行います。この2つを足し合わせることで、通常の畳

み込み演算より少ないパラメータ数で処理を行うことができます。MobileNetsは、その後継続的に研究されており、MobileNetv2[8]、MobileNetv3[9]が発表されています。

⑦SENet[10]

SENet（Squeese-and-Excitation Networks）は、2017年のILSVRCの優勝モデルです。

特徴は、特徴マップをチャネルごとに適応的に重みづけをするアテンション機構を導入したことです。これは、SE（Squeeze-Excitation）Blockで実現されています。

⑧NAS

ネットワーク構造の最適化のアプローチとして、**Neural Architecture Search (NAS)** があります。一般的なニューラルネットワークモデルの開発は、人間がネットワーク構造を設計したうえで、学習でネットワークの重みを最適化しますが、NASでは深層学習などを用いて、ネットワークの構造自体も自動で最適化をします。CNNの畳み込みやプーリングをひとまとまりのセルとして任意の回数積み重ねることでアーキテクチャの探索を行う**NASNet**[11] や、モバイル用機械学習モデルの自動設計向けのMNASNet[12] があります。

⑨EfficientNet[13]

2019年にgoogleによって発表されたモデルで、従来の基本的な考え方であった、より多層にすることで高性能を目指すアプローチではなく、効率的なパラメータで高い精度を出すというアプローチで開発されたものになります。EfficientNetのベースになるモデル（EfficientNet-B0）は、NASを用いた探索で生み出されました。Compound Coefficient（複合係数）というものを導入し、従来より少ないパラメータで高い精度を実現しています。比較的シンプルな構造であり、転移学習に適したモデルとして活用されています。

2　物体検出

物体検出とは、画像内の物体の位置とカテゴリー（クラス）の検出を指します。画像の中から**バウンディングボックス（bounding box）**と呼ばれる矩形領域で位置とカテゴリーを特定します。例えば、自動運転における車載カメラでは、歩行者や対向車の位置を特定するために用いられています。

物体の検出方法として従来、SVMなどディープラーニング以外の方法で物体位置

を検出した後、カテゴリーを識別する手法などがありましたが、処理が多段になるため、学習時間を要する問題がありました。しかし、ディープラーニングを物体検出に活用することで、学習時間の短縮と検出精度の向上を実現しています。

(1)R-CNN

　物体検出の先駆けとなったアルゴリズムとしては、2014年頃に考案された**R-CNN (Regions with CNN)** [14] があります。R-CNNは、CNNのアルゴリズムを物体検出に応用したアルゴリズムであり、Selective Searchという方法で物体候補領域を抽出し、人間が行う物体認識のように領域 (Region) ごとに特徴量を抽出します。

(2)Faster R-CNN

　R-CNNは、物体候補領域をそれぞれCNNに入力していたため、時間がかかりました。そこで、画像全体を処理して特徴マップを取得し、高速化を図る**Fast R-CNN**[15]が考案されました。また、処理時間のかかるSelective Searchの代わりに、Region Proposal Network (領域提案ネットワーク、RPN) を用いて更なる高速化を図った、**Faster R-CNN**[16]が2015年に考案されました。Faster R-CNNの手法によって、画像の入力から物体の検出まで**End-to-End**で学習可能な**一気通貫学習 (End-to-End Learning)** ができるようになりました。また、物体検出だけでなく、セグメンテーションも同時に行うモデルに**Mask R-CNN**[17]があります。このように複数のタスクを1つのモデルで行うことを**マルチタスク**といいます。マルチタスクによる学習は、タスク間でネットワークを共有するため、タスクごとに個別に学習をする場合に比べて学習が相補的に進行し、精度向上に効果があると考えられてます。

(3)YOLO

　R-CCNの改良版として、画像全体をグリッド分割し、領域ごとにBounding Boxを求める**YOLO (You Only Look Once)** [18] が2016年に考案されました。YOLOではCNNのアーキテクチャをシンプルにしたために、Faster R-CNN (高速R-CNN) より識別精度は多少劣りますが、高速に物体検出することができるようになりました。

(4)SSD

　YOLOと同系統のアルゴリズムとして、フィルタサイズを小さくし高速化を図った**SSD (Single Shot MultiBox Detector)** [19] が考案されました。SSDは様々な階層の出力層からマルチスケールな検出枠を出力できるように工夫されているアルゴリズムです。

(5) Open Pose

　人の腕や脚などの関節位置を推定するタスクを姿勢推定タスクといいます。カーネギーメロン大学が開発した、リアルタイムで複数人の関節を同時に推定できるアルゴリズムが**Open Pose**[20]で、最も有名な姿勢推定アルゴリズムです。Open Poseは各keypoint間のベクトルマップを出力する**Parts Affinity Fields**という処理を導入しており、これにより関節の位置関係がわかるようになっています（図7.1参照）。

▼ 図7.1　オープンポーズによる姿勢推定の例

上　　：複数人の姿勢推定
左下：右手のParts Affinity Field
右下：Parts Affinity Fieldに関連するベクトルの拡大図
出典：OpenPose: Realtime Multi-Person 2D Pose Estimation using Part Affinity Fields[20]

3　物体セグメンテーション

　物体セグメンテーションは、物体検出のように矩形のBounding Boxを用いず、対象物体と背景を境界まで詳細に切り分けて識別します。

(1) セマンティック・セグメンテーション

　物体セグメンテーションの代表として、**セマンティック・セグメンテーション**があります。領域分割を詳細に行い、入力画像のどの位置に物体が存在するのかを**画素（ピクセル）単位**で特定します。

セマンティック・セグメンテーションの代表的な手法として、**FCN（Fully Convolutional Networks）**[21] と呼ばれるCNNの応用手法があります。FCNは、通常のCNNの最終層で多く用いられる全結合層を用いず、**すべての層を畳み込み層**としてネットワークを構成するため、**入力する画像のサイズに制限がない**というメリットがあります。また、**アップサンプリング**によって画像の解像度を上げることで、CNNによる出力画像の画質の低下を防ぎ、出力画像の解像度を上げることができます。

▼ 図7.2　左から矩形による物体検出、セマンティック・セグメンテーション、インスタンス・セグメンテーション

（2）インスタンス・セグメンテーション

セマンティック・セグメンテーションでは同じカテゴリーに属する複数の物体が同一ラベルとして扱われます。例えば、隣接する人間を切り分けることは困難です。それに対し、**個々の物体ごとに認識し切り分ける**物体セグメンテーションとして、**インスタンス・セグメンテーション**があります。それにより、個々の人間を識別することもできます（図7.2参照）。

インスタンスセグメンテーションに用いられる代表的なモデルとしては、**Mask R-CNN**があります。セマンティックセグメンテーションとインスタンスセグメンテーションを組み合わせ、背景と物体を個別に認識できるようにした**パノプティックセグメンテーション**もあります。

（3）物体セグメンテーション向けCNN技術

物体セグメンテーション向けCNNでは、一般的に、前項で説明したFCNのほか、特徴マップを徐々に小さくするダウンサンプリングと呼ばれる操作をする層（エンコーダ）と徐々に大きくするアップサンプリングと呼ばれる操作をする層（デコーダ）で構成されるネットワークが用いられます。このようなエンコーダ・デコーダで構成される、自己符号化器型のネットワークに、**SegNet**[22]があります。SegNetは、エンコーダ側の最大プーリングで取得した場所の位置を記録しておき、デコーダ側のアップサンプリング時に利用することで省メモリ化を実現したモデルです。また、自己符号化器型ネットワークにおいて、エンコーダで作成された特徴マップを直接同階層のデコーダ側に伝達し、デコーダ側でその特徴マップと前層から渡された特徴マップを結合する**U-Net** [23] と呼ばれるモデルもあります（図7.3参照）。U-Netは医療画像診断に用いられています。エンコーダ-デコーダ構造とスキップ接続を組み

合わせた構造を物体検出に用いた仕組みを**FPN（Feature Pyramid Networks）**[24]と呼びます。エンコーダとデコーダの間にピラミッドプーリングモジュールを追加したセマンティックセグメンテーション用のモデルで**PSPNet**[25]というものもあります。

　セマンティックセグメンテーションでは、広い範囲の情報を処理することが重要なので、計算量を大きく増加させずに受容野を広げるような工夫をしたCNNもあります。

　Dilated Convolution[26]や**Atrous Convolution**は、畳み込み時にフィルターの間隔をあけることで広い受容野を実現したCNNです。Atrous Convolutionを取り入れたセマンティックセグメンテーション用モデルに**DeepLab**[27]があります。

▼図7.3　U-netの概念図

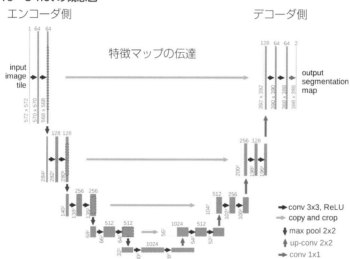

出典：U-Net: Convolutional Networks for Biomedical Image Segmentation[23]

得点アップ講義

\\POINT UP!//

・Faster R-CNNはFast R-CNNを改良したアルゴリズムであるため別のアルゴリズムと理解しておいてください。
・物体検出と物体セグメンテーションは用語が似ていますが、物体検出は矩形を用いて画像検出しているのに対し、物体セグメンテーションは画素（ピクセル）レベルで詳細に物体を特定するアルゴリズムであることを理解しておいてください。

4 画像キャプション生成

画像処理と自然言語処理の融合の研究として、画像を入力すると、その説明文（キャプション）を自動的に生成する**画像キャプション生成**があります。CNNとLSTMの技術を用いることで、例えば、画像から「赤い服を着た女性が街中で電話をしている」というような**説明文（キャプション）を生成**します。

5 画像生成

画像を生成する研究も進んでおり、画像生成手法の中でも特にGoogle Brainのイアン・J・グッドフェローが提案した**敵対的生成ネットワーク（Generative Adversarial Network:GAN）**が利用されています。敵対的生成ネットワークは「画像生成器（generator）」と「画像識別器（discriminator）」から構成されており、画像生成器は画像識別器を騙すような画像を生成します。画像識別器は画像生成器が生成した画像と実際の画像とを分類するように学習します。識別器と生成器に畳み込み層を使用して画質を改善したものにDCGAN（Deep Convolutional GAN）[28]があります。

2015年には、テュービンゲン大学のGatysらが、ある芸術作品の画風を他の芸術家の画風に変換するアルゴリズムを発表しました。その後、Googleが**Deep Dream**と呼ばれる画像生成システムを開発し、画像生成をするツールを公開しています。

GANを利用して、2つの画像ペアから画像間の関係を学習する画像生成アルゴリズムを**Pix2Pix**[29]といいます。Pix2Pixを使うと、線画をリアルな画像に変換するようなスタイル変換が可能になります。Pix2PixではcGAN（条件付きGAN）のアイデアを拡張して、1つの画像ではなく、画像ペアを画像識別器に入力して判定します。また、L1損失による画像のぼやけを補うため、画像をパッチに分割して識別器で判定するPatchGANを導入しています。

画像ペアが不要なスタイル変換の画像生成アルゴリズムとして、**CycleGAN**[30]があります。CycleGANでは、ある画像XをGANを用いて画像Yに変換し、さらにGANを用いて画像Xに戻し、元画像と一致するか、（サイクル一貫性）を評価します。また、逆方向も同様に評価します。論文[30]では、馬の画像がシマウマに変換され、さらに馬の画像に再変換した事例が記載されています（図7.4参照）。

▼図7.4　CycleGANによる馬⇔シマウマの画像変換例

入力画像　　　　　　　　　出力画像　　　　　　出力から再構築した画像

出典：Unpaired Image-to-Image Translation using Cycle-Consistent Adversarial Networks[30]

6　実装上の工夫

　ディープラーニングを用いた画像認識の実装の工夫は、他の分野と同様、「活性化関数」の最適化や「ドロップアウト」を取り入れることなどが必要となります。特に、画像データの場合は、学習データを疑似的に増やすために、**データ拡張（Data Augmentation）** を行うことがあります。画像データを左右に反転させたり、輝度を変化させたりすることなどによって、学習データを増やし、少ない学習データによる過学習を防ぐ効果もあります。ディープラーニングのライブラリによってはデータ拡張を行うためのクラスも用意されており、データ拡張の実装が容易となってきています。

　最近では、ジェフリー・ヒントンが、2017年に**カプセルネットワーク**と呼ばれるモデルを提唱しています。画像認識ではCNNを用いる場合が多いが、CNNではレイヤからの出力をスカラ（ベクトルの大きさ）として受け渡しており、無条件で次のレイヤに情報を渡しています。そのためプーリング処理によって特徴同士がどのような位置関係にあるかという情報を捉えられない欠点があります。一方、カプセルネットワークでは、レイヤからの出力をベクトルとして渡すことでどのレイヤに情報を渡すか決定することができ、かつ**squash関数**という関数を用いることで、ベクトル情報を維持したまま圧縮することが可能となります。これにより、CNNと比較し、画像認識のための訓練データを少なくすることが可能となります。

物体検出などの画像認識を行う上で、画像認識ライブラリが普及しています。TensorFlow、Keras、Caffe、Chainerといったディープラーニングの解析で有名なライブラリもありますが、画像認識ライブラリの代表としてOpenCV(Open Source Computer Vision Library)があります。

OpenCVは2006年に1.0がリリースされ、2015年には3.0がリリースされている、マルチプラットフォームに対応したライブラリです。画像認識を行う上での物体検出や領域分割なども行うことが可能となります。

OpenCVでは、画像データの前処理も可能であり、カラー画像を色味のないモノクロ画像に変換する**グレースケール化**や、画像をぼかすことでノイズ除去を行う**平滑化**、画像の明るさやコントラストを調整する**ヒストグラム平坦化**を行うことも可能です。平滑化を行うためのフィルタとしてガウシアンフィルタや平均化フィルタなどがあります。

最近では、GoogleのGCP(Google Cloud Platform)が提供しているGoogle Cloud Vision APIなどもあり、画像解析に機械学習モデルを使えるサービスも増えています。

得点アップ講義 \POINT UP!/

画像生成アルゴリズムは、G検定では頻出分野です。
画像識別器・画像生成器といったGANの基本概念や、DCGAN、Pix2Pix、CycleGANといったGANを用いた代表的な生成ネットワークは理解しておきましょう。

Theme

2

重要度：★★★

自然言語処理

画像認識に留まらず自然言語の処理の分野においてもディープラーニングが応用されてきています。自然言語処理の発展を捉えながら理解していきます。

Navigation

要点をつかめ！

ADVICE!

学習アドバイス

自然言語処理(Natural Language Processing; NLP)には「意味解析」や「文脈解析」まで従来の基本的なアプローチと、ディープラーニングによりブレイクスルーを起こした「分散表現」による解析手法など様々あります。それぞれの解析手法の違いを理解することが重要です。

キーワードマップ

● 自然言語処理
- 自然言語処理の概要
- 形態素解析
- 構文解析
- 意味解析
  - 感情解析
  - 含意関係解析
- 文脈解析
- 照応解析
- 談話構造解析
- 分散表現
  - Word2Vec
    - スキップグラム
    - CBOW
    - fastText
    - ELMo
- トピックモデル
  - 潜在的意味解析
  - 確率的潜在意味解析
  - 潜在的ディリクレ配分法
- 機械翻訳
  - ルールベース機械翻訳
  - 統計的機械翻訳
  - ニューラル機械翻訳
  - Attention
    - Transformer

出題者の目線

● 自然言語処理分野の様々な解析手法、例えば「形態素解析」や「構文解析」の違いについて選択する問題が過去に出題されています。特に形態素解析について問われる問題が多い傾向にあります。

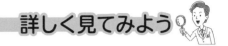
1 自然言語処理の概要

自然言語処理（NLP; Natural Language Processing）は人間が日常的に使用する言語をコンピュータに処理させる技術です。一般的な処理の流れは、文章を形態素解析➡構文解析➡意味解析➡文脈解析の順になります。図7.5に「彼は草むしりをします」という文章を例に処理の流れのイメージを示しました。

　自然言語処理は、古典的には単語を数値化するベクトル化を行う取り組みから始まり、トピックモデルなどの意味理解への拡張、Word2Vecなどのニューラルネットワークによる意味の実装、そして最近ではTransformerを活用したBERTなどのモデルが公開され、精度が著しく向上しています。

▼図7.5　形態素解析・構文解析・意味解析の繋がり

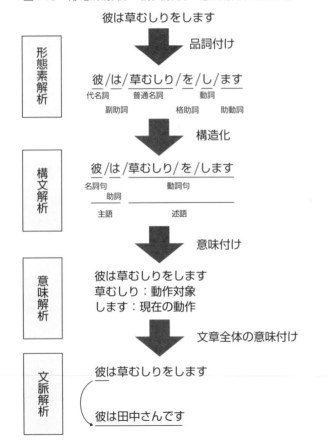

2　形態素解析

　人間が会話や文章で用いる言葉、つまり自然言語について**意味を持つ表現要素の最小単位**である**形態素**まで分割し解析する手法を**形態素解析**といいます。例えば「彼は草むしりをします」を「彼/は/草むしり/を/し/ます」のように言葉を分割し、辞書の情報と照らし合わせ形態素の品詞の種類などを判別し解析します（図7.5参照）。

　形態素解析で分割した単語を活用するためには、**データクレンジング**によって表記ゆれの統一や不要な文字の削除を行い、**BOW**（**bag-of-words**）などの手法でデータをベクトル化する必要があります。分割した単語の重要度を評価する場合は、**TF-IDF**などを用います。

　日本語の形態素解析エンジンとして代表的なものは、JUMAN、MeCabなどがあります。

3　構文解析

　構文解析とは、定義した文法に従って形態素間の関連付けを解析する手法のことをいいます。形態素解析で単語の品詞まで特定できた文を構文解析によって、文の主部・述部などの**句構造**や**係り受け構造**を推定することが可能となります。

　日本語の構文的依存関係構造解析器として大学の研究者らが考案したCaboChaやKNPがあります。CaboChaでは、アルゴリズムとして、SVMやCRF（Conditional Random Fields：条件付確率場）といった線形分類器が使われています。一方、KNPはコスト最小法などのアプローチを行っています。海外の構文的依存関係構造解析器の代表としてStanford Parserなどがあります。

　線形分類器のアプローチとして、最近ではFFNN（Feedforward Neural Network）やRNNなどのディープラーニングのネットワークを適用する例もあります。また、効率的な探索手法としてCYK（Cocke-Younger-Kasami）法やチャート法などの動的計画法、最良優先探索やA*（エースター）探索といったヒューリスティックな探索手法などもあります。

4　意味解析

　形態素解析と構文解析を行った後に、文が表す意味構造を認識するために**意味解析**を行います。意味解析は単語と単語の関連性を見るため、文法として正しいかだけでなく、意味の通じる正しい文章であるのかまで解析します。例えば、「高い富士山と海が美しい」という文で、「高い」が「海」にかかるかというと、「高い」と「海」という形態素の関連は低いため、「高い」は「富士山」にだけかかるということを識別します。

(1) 感情解析 (Sentiment Analysis)

　感情解析 (センチメント分析) は、文が肯定的 (ポジティブ) であるのか否定的 (ネガティブ) であるのかを分析する技術です。テキストマイニング機能を使い、コメントの内容を肯定的、中立的、否定的の3パターンに分類するという使い方が主流です。センチメント分析は意味解析の評価型ワークショップであるSemEvalでのタスクにも採用され、多くの手法が提案されています。

(2) 含意関係解析 (Recognizing Textual Entailment; RTE)

　含意関係解析は、ある2つの文があった際に、**一方の文が他方の文の意味を含むか**を解析する問題です。含意関係とは、例えば、「ピカソが『アヴィニョンの娘たち』を発表した」という文が成り立つとき、「ピカソは『アヴィニョンの娘たち』の作者である」という文も成り立つような関係をいいます。このような人間の常識的な知識を解析モデルに取り込むアプローチが研究されています。

5　文脈解析

　単体の文ではなく、文章全体の意味を解析する自然言語の処理を**文脈解析**といいます。

(1) 照応解析

　文脈解析の代表的な例として**照応解析**があります。照応解析は、文章内に存在する**代名詞**などの照応表現が示す場所を推定する手法です。例えば、文中の「これ」や「あれ」が示す名詞を推定します。

(2) 談話構造解析

　文脈解析の他の例として**談話構造解析**があります。談話構造解析は、文章内の**文間の意味的構造**を明らかにする解析手法です。例えば、2つの文のどちらが理由文であるかを推定します。

6　分散表現

　単語の意味をベクトル表現で表すことを自然言語の分野では**分散表現 (Word Embeddings)** または**埋め込みモデル (embedding models)** などと呼びます。例えば、色の例で考えた際、黄色はRGB (Red/Green/Blue) の3次元で表した場合、(255, 255, 0) と表現できます。これから赤と緑の相関が高いことがわかります。このように単語の意味についても定量的なベクトルで表現するアプローチは自然言語の歴史においても多くの研究が行われていました。

　自然言語処理の解析において、従来の基本的なアプローチは、統計的なカウントベースの手法でした。この手法では、**コーパス**と呼ばれる自然言語処理のための大量のテキストデータを扱う際にコーパス全体の統計データを利用して、**特異値分解（Sigular Value Decomposition：SVD）**などの処理を1回で行い、分散表現を計算します。つまり、学習データを一度にまとめて処理する必要があるため、大量の計算量が必要となる問題がありました。

　そこで、ニューラルネットワークを用いた推論ベースの手法を用いることで、少量（ミニバッチ）の学習サンプルをみながら、重みを繰り返し更新することで、逐次的に学習することが可能となりました（図7.6参照）。

　このように、自然言語処理の研究での1つの大きなブレイクスルーは推論ベースの手法に対しディープラーニングを用いることであり、言語の分散表現の学習の成功であったといえます。単語の分散表現は一般的に高次元で表現されますが、ディープラーニングを活用し、低次元の密なベクトルで表現する手法を活用することが可能となります。

　ディープラーニングを用いた分散表現の代表的なモデルとしてGoogleのTomas Mikolovが提案した**Word 2 Vec**があります。Word 2 Vecでは、文章中の単語（word）を記号と捉え、文章を記号の集まりとすることで、記号を**ベクトル**として表現します。これにより、ベクトル間の距離や関係としての単語の意味が表現可能となります。例えば、「王様」－「男」＋「女」≒「女王」のような関係性が表現できます。

　Word 2 Vecには**スキップグラム（Skip-Gram）**と**CBOW（Continuous Bag-of-Words）**という2つの手法があります。スキップグラムは**ある単語から周辺の単語を予測する**モデルであり、CBOWは逆に、**周辺の単語からある単語を予測する**モデルです。Word 2 Vecの開発者により開発された、Word 2 Vecを発展させたライブラリに**FastText**があります。特徴としては、単語を構成する部分文字列の情報も学習に含めたため、訓練データに存在しない単語であっても分散表現を計算することが可能なことです。さらに2018年に**ELMo（Enbeddings from Language Models）**[31]が登場しました。特徴は、Word 2 VecやFastTextは1単語につき1つの意味しか持たせられませんが、ELMoは、複数の意味を持つ単語でも、文脈に適した意味になる分散表現を得られることです。

得点アップ講義

自然言語処理の基本アプローチは形態素解析➡構文解析➡意味解析➡文脈解析の順で行われることを理解しておいてください。

\POINT UP!/

▼図7.6　カウントベースの手法と推論ベースの手法

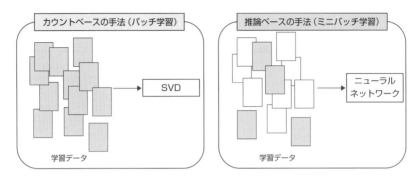

7 トピックモデル

　自然言語処理のアプローチで、文書中のトピック（話題）やテーマを抽出するモデルである**トピックモデル**があります。文書がどういった内容であるか、文書の抽象度を上げ概念を特定します。

(1) 潜在的意味解析

　トピックモデルの代表的手法として、**特異値分解**を用いた**潜在的意味解析；LSI（Latent Semantic Index）, LSA（Latent Semantic Analysis）**があります。潜在的意味解析は、文章の類似性を見つけるため、同じ意味をもつ単語をグルーピングし、文章の情報量を凝縮します。

(2) 確率的潜在意味解析

　潜在的意味解析の応用手法として**確率的潜在意味解析；PLSA（Probabilistic Latent Semantic Analysis）**があり、PLSAはLSAを確率的に発展させたアルゴリズムです。LSAが1つの文章に1つのトピックしか持つことができないのに対し、PLSAは文章が複数のトピックに割り当てられていることを確率的に表現するのを可能とします。

(3) 潜在的ディリクレ配分法

　PLSAの応用手法として**潜在的ディリクレ配分法；LDA（Latent Dirichlet Allocation）**があります。PLSAが学習した観測データからトピックの確率を生成するのに対し、LDAではディリクレ分布という確率分布を仮定して生成します。これにより過学習を防ぐことが可能となります。

8　機械翻訳

(1) ルールベース機械翻訳

自然言語処理の生成技術の代表として**機械翻訳**があります。機械翻訳の手法は大きく、ルールベース機械翻訳、統計的機械翻訳、ニューラル機械翻訳があります。

ルールベース機械翻訳（Rule Based Machine Translation; RMT）は、古くからある機械翻訳の手法であり、登録済みのルール（文法）を適用することで原文を分析し、訳文を出力する機械翻訳の方法です。

手動による大量のルール登録が必要であることと、ルール変更の影響が大きいため、「統計的機械翻訳」に置き換わっていきました。

(2) 統計的機械翻訳

統計的機械翻訳（Statistical Machine Translation; SMT）は、**n-gram**に代表される機械翻訳手法であり、コンピュータに学習用の「対訳文対（パラレルコーパス）」を与え、統計モデルを学習させることで訳文を出力させる手法です。

統計的機械翻訳には大量のコーパスが必要となりますが、学習データさえあれば、低コストで高性能な翻訳機を作ることを可能とします。しかし、ニューラル機械翻訳の精度向上により、ルールベース機械翻訳に続き、統計的機械翻訳もニューラル機械翻訳に置き換わりつつあります。

(3) ニューラル機械翻訳

ニューラル機械翻訳（Neural Machine Translation; NMT）は、**ニューラル言語モデル**の**リカレントニューラルネットワーク言語モデル（Recurrent Neural Network Language Model; RNNLM）**に代表される機械翻訳手法です。

RNNLMはRNNを内部状態として採用した言語モデルであり、例として**エンコーダ・デコーダモデル**（図7.7）の入力と出力にRNNを用いたモデルを示します。RNNLMによって単語の羅列に対して確率を与えることができるようになり、単語の予測ができるようになります。ここで、エンコーダはネットワークの入力側のことであり埋め込み層（Embed）で単語を分散表現へ変換し、ネットワークの入力層と隠れ層の処理をエンコードします。また、デコーダはネットワークの出力側のことであり、ネットワークの隠れ層と出力層をデコードします。

機械翻訳の例の場合、エンコーダが和文を読み込むことでベクトル化し、そのベクトルに対しデコーダを通して英文を作成します。

機械翻訳の有名な生成モデルの例として2014年に発表された**系列変換モデル（Sequence-to-Sequence;seq2seq）モデル**があります。seq2seqによって、時系列データを別の時系列データへ変換できるようになります。

▼図7.7　エンコーダ・デコーダモデルの機械翻訳の概略構成

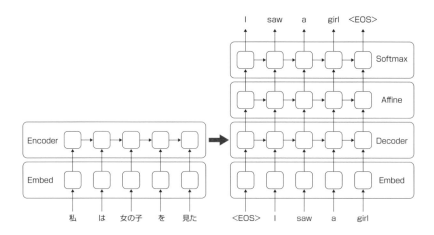

(4)Attention

　seq2seqは機械翻訳などで強力なモデルとなるのですが、デコーダのインプットにかかわらずエンコーダの出力が一定の大きさのベクトル（固定長）となり、長文の翻訳の精度が上がりづらいという問題があります。そこで、**注意機構（Attention Mechanism）**、またはアテンションと呼ばれるメカニズムを用いることで、エンコーダの固定長ベクトルという制約から解放し、人間と同じように必要な情報だけに注意を向けさせることができるようになります。アテンションの基本は、クエリ（Query）と、メモリ（Key, Value）で、辞書に類似した仕組みです。つまり、検索クエリ（Query）により、検索キー（Key）を検索し、Valueを取り出すという操作をします。

　Attentionの応用事例として、Googleが2016年に発表した**GNMT（Google Neural Machine Translation）**[32] があります。GNMTはエンコーダ・デコーダ機械翻訳モデルにLSTMやスキップコネクションを取り入れたモデルであり、複数GPUでの分散学習を行います。Google翻訳ではGNMTを取り入れアップデートすることで、更なる高精度な翻訳を提供することが可能となりました。

（5）トランスフォーマー

　seq 2 seqやGNMTではRNN（LSTM）が用いられていますが、RNNには並列処理時の欠点があります。RNNは、前時刻の算出結果を用いて逐次的に処理を行うため、時系列での並列処理が難しく、GPUでの並列演算との親和性が高くないという点です。そのため、RNNを用いず処理するモデルとして**トランスフォーマー（Transformer）**[33]という手法が考案されています。

　トランスフォーマーはエンコーダ・デコーダモデルであり、複数のアテンションで構成されています。**ソース・ターゲットアテンション（Source-Target Attention）**は、QueryとKeyはソース（エンコーダの隠れ層）の出力を利用し、Valueはターゲット（デコーダの隠れ層）の出力を利用したものです。これにより入力文と出力文の単語間の関連度を計算します。**セルフアテンション（Self-Attention）**は、Query、Key、Valueいずれも同じ隠れ層からの出力を利用したものです。これにより、入力文内、あるいは出力文内の単語間の関連度を計算します。また、Attentionの性能向上を図るために、**マルチヘッドアテンション（Multi-Head Attention）**と呼ばれる並列化処理などを行う手法も組み合わせます。アテンションでは語順情報が失われるため、**位置エンコーディング（Positional encoding）**により単語の出現位置の情報を付加します。アテンションでは、すべての計算が並列で行えるため、RNNなどに比較して高速に処理ができます。

　Transformer向けに自然言語処理の様々なデータセットを使ってマルチタスク学習させて得られたエンコーダである**ユニバーサルセンテンスエンコーダ（Universal Sentence Encoder）**は、**TensorFlow Hub**などに公開されており、誰でも利用可能です。

　トランスフォーマーの登場により、単語列の確率予測モデルである言語モデルが大きく発達しました。

　Googleは2018年に、Transformerを活用した**BERT（Bidirectional Encoder Representations from Transformers）**[34]と呼ばれる自然言語処理モデルを公開しています。BERTは、**マスク化言語モデル（Masked Language Model）**や**次文予測（Next Sentence Prediction）**というアイデアが採用された学習済みの汎用言語モデルであり、自然言語処理の各種タスクで最高のスコアを更新したため、話題となっています。BERTでは、事前学習のタスクとして、次の単語を予測するのではなく、ランダムに**マスクされた**単語を周辺情報から予測することを特徴としています。

　BERT以外の最近の自然言語モデルとして、2019年にMicrosoftが**MT-DNN（Multi-Task Deep Neural Networks）**[35]と呼ばれる自然言語処理モデルを公表しています。また、イーロン・マスクが共同会長を務める非営利の人工知能研究企業（OpenAI）では、自然言語の文章を生成する言語モデル**GPT（Generative Pre-Training）**[36]を2018年に発表しました。GPTの特徴は、トランスフォーマー

のデコーダの構造のみを使用していることです。2020年に発表されたGPTの第三世代モデルであるGPT-3は、1750億個のパラメータを用いた大規模モデルであり、人間が書いたものと判別が難しいほどの高品質の文章生成や、プログラミングのコード生成、デザインの生成も可能です。

BERTやGPTが可能なタスクである自然言語推論や質問応答などは、文章の内容や背景などを正確に理解しないと解けないため、言語理解タスクと呼ばれますが、このような言語理解タスクの精度を評価するために、**GLUE（General Language Understanding Evaluation）ベンチマーク**というデータセットがあります。

また、トランスフォーマーの自然言語処理以外への適用も活発化しており、2020年にはGoogleから画像処理向けのモデルである**ビジョントランスフォーマー（Vision Transformer, ViT）**[37]が発表されました。ビジョントランスフォーマーは、CNNを使用せず、トランスフォーマーで構成されています。

9 実装上の工夫

ディープラーニングを用いた自然言語処理の実装の工夫の中でも画像認識と異なる様々な工夫があります。その1つの例として、GPUの演算資源を画像処理以外の目的に応用する**GPGPU（General-purpose computing on graphics processing units; GPU汎用計算）**と呼ばれる技術が利用されています。

従来の自然言語処理の機械学習の場合、高次元ベクトルを扱うため、必ずしもGPUとの相性がいいわけではなかったのですが、ディープラーニングを用いた自然言語処理の場合、低次元の密ベクトルとなるため、GPUとの相性がよくなりました。

10 ライブラリ

画像認識と同様に自然言語を解析するためのライブラリも提供されています。日本語の形態素解析器として有名なMeCabやJUMAN、構文解析器として有名なCaboChaやKNPなどがあります。

その他の自然言語処理ライブラリとして「NLTK(Natural Language Toolkit)」や「spaCy」、「OpenNLP」、「Stanford CoreNLP」などがあり、最近ではリクルートが公開した「GiNZA」がライブラリとして提供されています。

Theme 3 音声処理

重要度：★☆☆

Navigation

要点をつかめ！

学習アドバイス

ADVICE!

音声処理には「音声認識」技術とその逆過程である「音声合成」技術があります。それぞれの具体的なキーワードを理解することが重要です。

キーワードマップ

```
●音声処理
 ├ 音声認識
 │ ├ 隠れマルコフモデル
 │ │  └ GMM-HMM
 │ ├ 統計モデル
 │ │  └ n-gram
 │ └ DNN モデル
 │    └ DNN-HMM
 └ 音声合成
    └ WaveNet
```

出題者の目線

●音声処理の分野は具体的なアルゴリズムや製品の名称が問われることが多い傾向にあります。

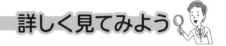

1 音声認識

音声認識の研究は1960年頃から行われていました。

音声認識では音声を文書として認識するために、物理的な特徴である音の波形などを**音響特徴量**として定量化したり、母音や子音などの**音素**を抽出したりして認識します。空気を伝搬してくる音声はアナログ信号なので、マイクなどで収音したあと、**パルス符号化変調 (Palse Code Modulation: PCM)** などの方式で、デジタル信号に変換されます。この操作を一般的に**A-D変換 (Analog-to-Digital Conversion)** と呼びます。パルス符号化変調は、元々通信で用いられていた技術で、一定時間ごとに波形データを取得し (標本化)、波形の大きさをある離散的な値に近似する処理を行い (量子化)、量子化された値をビット列で表す (符号化) という処理を行います。デジタル化された波形は、周波数解析がしやすいよう、**高速フーリエ変換 (Fast Fourier Transform: FFT)** などによって時系列データから周波数スペクトルに変換します。音声の特徴、つまり音色は、音声スペクトルの周波数のピークをなぞって大まかな形を表わした線である、スペクトル包絡で表されます。**スペクトル包絡**は、人間の聴覚の性質も考慮した**メル周波数ケプストラム係数 (Mel-Frequency Cepstrum Coefficient: MFCC)** を用いて得ることが一般的です。人間の聴覚には、低周波には敏感で、高周波には鈍感という性質があり、この性質を考慮した尺度がメル尺度です。周波数をメル尺度に変換し、離散コサイン変換などの操作を行うと、MFCCが得られます。

MFCCでは、音声のスペクトル包絡に相当する係数が得られ、音色の特徴量として処理することが可能になります。また、スペクトル包絡のピークを**フォルマント**と呼び、フォルマントが現れる周波数を**フォルマント周波数**と呼びます。発声された音韻が同じであれば、フォルマント周波数は近い値になり、特に母音の識別には重要です。

ニューラルネットワークを用いた音声認識モデルの研究は1990年代初頭から行われていましたが、2010年頃までは混合正規分布モデル (Gaussian Mixture Model;GMM) に基づく**隠れマルコフモデル (Hidden Markov Model:HMM)** である**GMM-HMM**やn-gramに代表される統計的モデルが一般的でした。

アメリカ国防高等研究計画局 (Defense Advanced Research Projects Agency;DARPA) などの国家プロジェクトによる大規模な音声データベース (コーパス) の整備とデータを処理する計算能力が向上したことで、ニューラルネットワークを用いた手法より統計的手法が主流となりました。

　ところが、2010年頃にジェフリー・ヒルトンらの多数のネットワークを学習する機械学習であるディープニューラルネットワーク（Deep Neural Network; DNN）が登場したことにより、一般的な音素認識タスク（Texas Instruments and Massachusetts Institute of Technology;TIMIT）で従来の手法以上の成果をあげました。

　そして、音響モデルはGMMによる確率計算をDNNに置き換えた**DNN-HMM**が一般的となり、言語モデルについてはRNNをn-gramと併用するモデルが一般的になっています。

　近年ではHMMを用いずRNNの一種であるLSTMを用いた**CTC（Connectionist Temporal Classification）**を用いる手法が注目を浴びています。

　音声認識のAIアシスタントとして、Appleの**Siri**やAmazonの**Alexa**、Microsoftの**Cortana**などがあり、ディープラーニングを利用し、認識精度を向上させています。そのため、スマートフォンなどに対応した音声入力機能として活用されています。

2　音声合成

　音声認識は人間の音声をコンピュータなどに認識させることですが、音声合成は人間の音声を人工的に作成することです。**音声合成の領域でもディープラーニングの活用が進んでおり**、特に**WaveNet**というアルゴリズムが注目を浴びています。WaveNetは従来の音声合成のアルゴリズムと比較すると、自然な音声を実現することができるようになり、Googleのスマートスピーカー（AIスピーカー）**Google Home**などで使用されています。Googleは2018年に**Google Duplex**を発表しており、散髪やレストランの予約をまるで人間が会話しているかのようにこなすAIサービスをデモしました。スマートスピーカーはGoogle Home以外にもAmazonの**Amazon Echo**やLINEのClova WAVEなどがあります。

　音声認識と音声合成を組み合わせることで「質問の音声➡質問のテキスト化➡回答のテキスト生成➡回答の音声生成」という変換が可能となり、対話も可能となります。

得点アップ講義

\\POINT UP!/

音声認識の一般的な処理プロセスはG検定で頻出ですので、確実に押さえましょう。

Theme 4 強化学習

重要度：★★☆

ディープラーニングの学習適用領域として強化学習への応用事例も進んできています。どのような応用事例があるのか理解していきます。

Navigation　要点をつかめ！

ADVICE! 学習アドバイス

深層強化学習の代表的な応用とその要素技術を理解しましょう。また、実世界へ応用した時の主な課題を理解しましょう。

キーワードマップ

```
●強化学習
 ├─ 深層強化学習
 │   ├─ DQN
 │   └─ ゲームAI
 │       ├─ AlphaGo
 │       ├─ AlphaGo Zero
 │       └─ AlphaStar
 └─ 実世界への応用
     ├─ 状態表現学習
     ├─ オフライン強化学習
     └─ Sim2real
```

出題者の目線

●深層強化学習の代表事例であるAlphaGo（アルファ碁）に関する問題が過去に多く出題されています。

Lecture

詳しく見てみよう

1　深層強化学習

　強化学習の応用事例として**深層強化学習**があります。深層強化学習は、強化学習にディープラーニングを用いたアルゴリズムになります。深層強化学習は、ATARIのゲームに対して行われた**DQN（DeepQNetwork）**[38]で広く知られるようになりました。

(1) DQN (DeepQNetwork)

　DQNは強化学習の手法であるQ学習とディープラーニング（**CNN**）を組み合わせた**DeepMind**（後にGoogle傘下）によって開発されたアルゴリズムで、行動価値を最大にする方策を効率的に計算することを目指したニューラルネットワークです。

　DQNでは、**経験再生（ExperienceReplay）**や**ターゲットネットワーク（Target Network）**という技術を導入しています。まず、DQNは逐次的に行動データを学習していくため、ある時間に特定の探索行動データがたまたま集中するということが起きると、偏ったデータで学習してしまうという現象が起きます。経験再生は、これまでの探索行動のデータを一時的にリプレイバッファと呼ばれるメモリ領域に保存し、学習時に保存した探索行動データをランダムに取り出して学習することで、そのような時間的な学習の偏りを解消する手法です。ランダムに行動を選ぶだけでなく、学習に重要と思われる行動に優先度をつける**優先度付き経験再生**という手法もあります。ターゲットネットワークについて次に述べます。Q関数は、損失関数の中で、教師データとしても参照されるため、学習で変化すると、教師データも一緒に変化してしまうため、学習が安定しないという問題があります。そこで、教師データとして参照するためにターゲットネットワークというもう1つのネットワークを別に設定し、こちらは一定時間、過去のQネットワークの値を使用することで学習が不安定になることを防ぎます。

　DQNは活発に研究され、様々な派生モデルが誕生しました。その1つが**ダブルDQN**[39]です。従来のDQNは行動選択もQ値の評価もターゲットネットワークで行っていたため、推定Q値が過大評価される傾向にありました。その解決のため、行動選択はQネットワーク、Q値の評価はターゲットネットワークで行うモデルです。また、学習効果改善のためにQネットワークが出力する状態価値とアドバンテージを分けて学習し、その和をQ値として評価する**デュエリングネットワーク（Dueling-network）**[40]というアーキテクチャも提案されました。最適化と探索のバランスをとるため、従来のDQNでは**イプシロン貪欲法（Epsilon-Greedy）**を採用していましたが、その代わりにネットワークの重み自体に正規分布による乱数を与

えることでパフォーマンスを改善した、**ノイジーネットワーク（Noisy-network）**[41]というアーキテクチャも提案されました。

　これらのDQNの派生形をすべて組み合わせた**Rainbow**[42]という手法も提案され、パフォーマンスが飛躍的に改善することが示されています。

(2) ゲームAI

　深層強化学習でゲームの攻略を行うゲームAIへの応用は盛んに研究されています。囲碁やチェスといった2人で行うボードゲームは、理論上はすべてのゲーム木を展開することで必勝法を見つけられるものの、現実的な時間の範囲で行うことが難しいことが課題でした。この課題の解決は、適当な回数ランダムに試行してその結果から結論を導くというモンテカルロ法の考え方に基づいた**モンテカルロ探索木**を導入することで大幅に進みました。そしてGoogle傘下のDeepMindは囲碁に応用した**AlphaGo（アルファ碁）**という囲碁プログラムを開発し、人間のプロ囲碁棋士をハンディキャップなしで破った初のコンピュータ囲碁プログラムとなりました。AlphaGoにはいくつかバージョンがあります。特に4代目のバージョンの**AlphaGo Zero**は、従来のバージョンとは大きく異なり、棋譜やビッグデータを必要とせず、**自己対局によって強化**することが可能となりました。さらにその発展形である**Alpha Zero**では、囲碁のみならず、将棋やチェスの分野でも圧倒的な性能を見せています。

　2人の対戦ではなく、さらに多くのプレイヤーがいるコンピューターゲームの攻略には、複数のエージェント（プレイヤー）が存在する環境における強化学習である、**マルチエージェント強化学習**が研究されています。マルチエージェント強化学習は、協調や敵対など複雑な相互作用が発生するため、2人対戦型よりはるかに難易度は高くなります。OpenAIは、2018年に5対5の対戦型リアルタイムストラテジーゲームDota 2用に**OpenAI Five**を開発しました。OpenAIFiveは、2019年に、前年度の世界大会覇者に勝利を収めました。DeepMindは、**アルファスター（AlphaStar）**と呼ばれる学習アルゴリズムを開発し、2019年にはリアルタイムのストラテジーゲームのStarCraft 2で「グランドマスター」と呼ばれる世界トップクラスのプレイヤーに勝利しました。AlphaStarでは、学習アルゴリズムとして、「IMPALA」、「方策蒸留（PolicyDistillation）」「自己模倣学習（SelfImitationLearning;SIL）」「COMA（CounterfactualMulti-Agent）」などを利用しています。「IMPALA」は、実際の行動の方策と評価に用いる方策が別の手法（方策オフ型）の分散深層強化学習アルゴリズムです。「アクタークリティック（Actor-Critic）」の手法を用いていますが、データ収集と学習を分離していることが特徴です。

　深層強化学習の特徴として、教師あり学習などと異なり、正解データ付きの訓練データを用意する必要がありません。また、学習には時間が掛かります。例えば

AlphaGo Zeroが旧バージョンのレベルに達するまでは40日以上かかりました。強化学習は与えられた環境から得られる報酬を最大化する学習を行うため、**転移学習**（**transfer learning**）が難しいという特徴があります。

(3) 実世界への応用

　実世界のロボット制御や、センサなどのハードウェアを伴うシステム制御に深層強化学習を応用する取り組みも盛んにおこなわれています。実世界は、デジタル空間と比較して、空間的にも時間的にも連続値で自由度がはるかに高く、行動が即現実に影響するという特徴があります。実世界の特徴に対して、深層強化学習を応用する際の問題としては、**次元の呪い**、報酬設計の難しさ、データ収集コストの高さ、安全性担保の難しさがあげられます。

　次元の呪いに関しては、高次元の連続値のセンサーデータや制御信号を扱うため、適切に離散化しないとデータが爆発的に増大し、学習が困難になるという問題です。

　この問題に関しては、高次元のデータをそのまま使うのではなく、問題に対して適切な低次元の状態表現を取得して学習するというアプローチがあります。このようなアプローチは**状態表現学習**（**state representation learning**）と呼ばれます。また、出力に関しては、ロボットアーム制御などの連続値出力をそのまま扱うアプローチとして、**連続値制御**（**Continuous control**）があります。

　報酬設計の難しさに関しては、実世界はゲームのように報酬関数は設定されていないため、適切な報酬関数を設定する必要があります。実空間は自由度が高いため、最終状態だけではなく、中間状態に関しても適切な報酬を設計しないと学習がうまく進まない場合があるという難しさがあります。適切な報酬関数を作りこむことは**報酬成形**（**RewardShaping**）と呼ばれます。

　データ収集コストの高さに関しては、一般に強化学習は学習に大量のデータが必要でサンプル効率が低い一方、実世界におけるデータ収集はロボットやセンサなどのハードウェアが必要で、データ収集のコストが高くなりがちという問題です。効率的にデータを収集し、少ないデータから良い方策を学習する手法が重要になります。

　安全性担保の難しさに関しては、ロボットやアクチュエータを操作するため、ロボットの故障、人や環境との接触など直接の危害を与えるリスクが伴う場合があるという問題です。安全性を担保する仕組みを取り入れる必要があります。

　データ収集コストや安全性担保を解決する手法としては、過去に集めたデータのみを用いて学習する**オフライン強化学習**という手法があります。自動運転のように実世界における試行錯誤のリスクやコストを許容できない場合、オフラインデータを用いてシミュレーション上で学習するというアプローチがとられます。また、ログデータを取りやすいチャットシステムやレコメンデーションなどへの応用も見込

まれます。

　シミュレータで学習した方策を実世界に転移する手法は**sim 2 real**と呼ばれます。シミュレーションでは実世界より低コストで大量にデータを生成できることや安全性担保の問題がないことで、実世界より学習が進みやすい環境を作ることができます。その反面、実世界で生じる摩擦や衝突などの要素をすべて考慮して再現することは困難なため、実世界とsim 2 realの世界の間でリアリティギャップと呼ばれる差異が発生する問題があります。この問題に対処する手法として、シミュレータの光、摩擦などといった環境のパラメータをランダムに変えた設定をたくさん用意し、そのすべての環境でうまくゴールを達成するようなモデルを学習する**ドメインランダマイゼーション（domain randomization）**という手法が提案されました。

　人の経験則や既存の制御法など、事前にある程度うまくいく方策がわかっている場合、それを初期方策として組み込んで、最適な方策との差分を強化学習によって学習する手法は、**残渣強化学習（residual reinforcement learning）**と呼ばれます。最適方策が初期方策と大幅に異ならないような、既存の制御手法の調整といった目的では、サンプル効率や安全性担保の面で有効な手法だと考えられます。

コラム　言語モデルはなぜ巨大化するのか？

本文に書いたように、GPT 3は1705億個ものパラメータを持っています。これは前代のGPT-2（約15億パラメータ）の100倍以上です。この巨大化の傾向は続いており、2022年4月に発表されたPaLMは5400億ものパラメータを持っています。この背景には、"Scaling Law"*があるといわれています。この法則は、モデルサイズを大きくすればするほどTransformer の精度が改善するということを示しているため、モデルが巨大化する傾向が続いています。Scaling Law の限界はあるのか、モデルの精度はどこまで改善するのか、今後注目されます。

*Jared Kaplan et.al "Scaling laws for Neural Language Model" ArXiv. 2020 ,arXiv: 2001 . 08361

得点アップ講義

\\ POINT UP! //

DeepMindは2013年にATARIのブロック崩しゲームに対してDQNを用いた強化学習のデモを公開しました。その後、2015年にAlphaGoを公開し、2017年にAlphaGo Zeroを公開しました。強化学習の歴史的経緯についても理解しておきましょう。

Theme 5 モデルの解釈性とその対応

重要度：★☆☆

一般に「ブラックボックス」といわれるディープラーニングの結果を人間が解釈しやすくする取り組みが盛んに行われています。ここではその代表的な手法を理解していきます。

Navigation

要点をつかめ！

ADVICE!

学習アドバイス

モデルの解釈性の必要性と、モデル近似アプローチである「LIME」と「SHAP」、可視化のアプローチである「CAM」、「Grad-CAM」を理解しましょう。

キーワードマップ

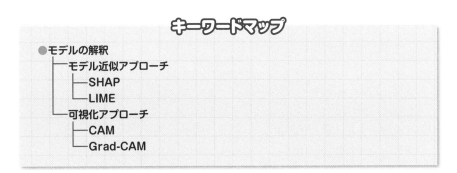

● モデルの解釈
├─ モデル近似アプローチ
│ ├─ SHAP
│ └─ LIME
└─ 可視化アプローチ
   ├─ CAM
   └─ Grad-CAM

出題者の目線

● SHAPやCAMの概念に関する問題が出題されています。

Lecture 詳しく見てみよう

1 ディープラーニングの解釈性

　ディープラーニングの予測精度の向上により、様々な産業に応用されつつあります。一方で、ディープラーニングは、予測結果の解釈が難しく、なぜその結果に至ったのかわかりにくいという性質があります。

　産業への応用を考える際に、モデルの解釈を求められる場合があります。特に医療や自動運転、金融といった予測結果が社会に重大な影響を及ぼす可能性がある場合は、予測精度と同等以上にモデルの解釈性が求められます。

　また、ディープラーニングを応用したアプリを開発する際も、推論結果だけで関係者の納得を得ることが難しい場合があります。これは、特に意外な結果が出力された場合、背景に何があるのかを知りたがる人間の心理があります。この場合も結果に至った理由が説明できると納得度が高まります。開発プロセスそのものも、結果に至った理由がわかったほうが、効率的に開発を進められる場合もあります。

　そこで、モデルを解釈する手法の開発が盛んに進んでおり、**XAI（ExplanableAI）**と呼ばれる分野となっています。

2 代表的な解釈手法

　機械学習では、一般線形近似や決定木といった解釈しやすいモデルを使用するという選択肢もありますが、ディープラーニングの場合は、別の単純なモデルで近似する**LIME**や**SHAP**という手法と、ディープラーニング自体が判断根拠を可視化して示す**CAM**という手法があります。

　LIME（local interpretable model-agnostic explanations）は、ディープラーニングやアンサンブルといった複雑なモデルをサンプルの周囲のデータ空間のみを用いてより単純なモデルである線形回帰で近似し、予測に対する各特徴量の寄与度を求めるものです。

　SHAP（SHapley Additiveex Planations）はもともと協力ゲーム理論で用いられるShapley値を機械学習に転用したものです。こちらも得られる情報はLIMEと同様に、予測値に対する各特徴量の寄与になります。

　画像認識タスクにおいて、モデルが画像のどの部分を重視したのかをヒートマップで可視化する手法が**CAM（Class Activation Map）**[43]です。CAMはCNNが位置情報を保持して特徴量を計算することを利用して、特徴量マップから特徴量の重みを用いてヒートマップを作成します。

　CAMは、計算上、Global Average Poolingを採用したモデルにしか適用できな

いという制約がありましたが、GlobalAveragePoolingの代わりに勾配を使用して任意のモデルに適用できるようにした手法が、**grad-CAM**[44]になります。図7.8に[44]の論文に掲載されているgrad-CAMによる可視化の例を示します。(a)は元画像で、(c)は猫を識別する際に重視した特徴量をヒートマップにした画像です。(d)はGuidedGrad-CAMでより詳細にどのような特徴を識別に用いたかを可視化した画像です。

▼ 図7.8 grad-CAMによる可視化の例

(a) Original Image　　(b) Grad-CAM 'Cat'　　(c) Guided Grad-CAM 'Cat'

出典：Grad-cam: Visual explanations from deep networks via gradient-based localization[44]

コラム　AIサービスと法整備

　第9章でも述べていますが、最新技術の社会実装と法整備は非常に重要な関係があります。最近は、AIによる高精細な画像生成サービスが次々と登場し、誰でもキーワードから完成度の高い画像を生成できるようになっています。この生成した画像の著作権の扱いは未整備です。また学習に用いた画像とそっくりのタッチの画像を生成できるため、学習元画像の作成者の著作権をどう考えるのかも議論になりつつあります。このようにAIサービスは既存の法制度を超える課題が多く、それに対応するため法制度も頻繁に変更するため、新しいAIサービスのリリース時には、法務の専門家とのディスカッションは非常に重要です。

得点アップ講義　\\POINT UP!//

SHAPやgrad-CAMなどの基本的な用語の意味と、それぞれの手法の考え方の違いを理解しておきましょう。

問題を解いてみよう

問 1 画像認識分野で研究されている「セマンティック・セグメンテーション」について最も適切な説明文を選べ。

A ピクセル単位で物体領域を特定する手法であり、同じカテゴリーに属する複数の物体を同一ラベルとして扱う。

B 対象物がどこにあるかを矩形領域で切り分けて特定する手法である。

C 敵対的生成ネットワークによって画像を生成する手法である。

D 与えられた画像の説明文を自然言語で記述する手法である。

問 2 次の文章を読み、空欄に当てはまる最も適切な選択肢を選べ。

画像解析を行う際、Python などで使えるオープンソースのライブラリである OpenCV を活用することができます。ディープラーニングをする上で、学習を効率化するための画像データの前処理も可能となります。（ア）ためのグレースケール化や、（イ）ための平滑化、（ウ）ためのヒストグラム平坦化を行うことが可能です。

A 画像のノイズ除去をする

B 画像のサイズを調整する

C 画像のスケーリングを調整する

D カラー画像をモノクロ画像にする

問3 自然言語処理の1つである形態素解析について最も適切な説明文を選べ。

A 文の単語の構文的なまとまりや単語間の文法関係を解析する。

B 構文解析を基に、意味として正しいか解析する。

C Word 2 Vecに代表されるようなモデルを用いて文章を記号の集まりとして解析する。

D ある文を最小単位の意味となる単語にまで分解し解析する。

問4 新商品や新サービスなどのプレスリリースに対し、ブログやSNSなどの反響の調査にテキストマイニング機能を用いて解析する手法の1つである「センチメント分析」について最も適切な説明文を選べ。

A 一方の文が他方の文の意味を含むかを解析する。

B 文章内に存在する代名詞などの対象を推定し解析する。

C 文章中の文と文の間の役割的関係や話題の推移を明らかにし解析する。

D 文章の内容が肯定的か否定的かを分類し解析する。

問5 次の文章を読み、空欄に当てはまる最も適切な選択肢を選べ。

Googleは2018年に（ア）と呼ばれるNLPモデルを公開し、複数の言語処理課題で人間の性能を超えたと注目を浴びている。また、Microsoftも2019年にNLPモデルである（イ）を公開している。

A Chainer **C** BERT

B PyTorch **D** MT-DNN

問6 次の文章を読み、空欄に当てはまる最も適切な選択肢を選べ。

Word2Vecには、ある単語から周辺の単語を予測する（ア）の手法と、周辺の単語から中心に位置する単語を予測する（イ）がある。また、Word2Vec の後継モデルである（ウ）では、単語の表現に文字情報を含めることで、訓練データにない単語を表現可能となる。

A CBOW **C** 分散表現
B fastText **D** スキップグラム

問7 2017年にGoogleによって発表された自然言語処理のモデルであるTransformerに関連する用語で最も**関連性の低い**用語を選べ。

A スキップグラム (Skip-Gram Model)
B クエリ (query) とメモリ (Key, value)
C ユニバーサルセンテンスエンコーダ (Universal Sentence Encoder)
D マルチヘッドアテンション (Multi-Head Attention)

問8 WaveNetについて最も適切な説明文を選べ。

A Amazon EchoはWaveNetによって音声を生成している。
B WaveNetによって機械で自然な音声を生成することが可能となった。
C WaveNetではRNNの構造は用いられていない。
D iPhoneに搭載されているSiriにWaveNetが用いられている。

問9　深層強化学習の説明として最も**不適切**な説明文を選べ。

A　深層強化学習であるDQNは、Q学習にCNNを組み合わせたアルゴリズムである。

B　AlphaGoはDeepMindが開発した深層強化学習の囲碁プログラムである。

C　深層強化学習を行うには、教師あり学習のように正解データ付きの訓練データが必要である。

D　深層強化学習では次の状態の遷移を決めるためにモンテカルロ探索木を用いたアルゴリズムもある。

問10　AlphaStarなどの強化学習のアルゴリズムと最も**関連性の低い**用語を選べ。

A　自己模倣学習 (Self Imitation Learning)

B　n-gram

C　方策蒸留 (Policy Distillation)

D　イプシロン貪欲法 (Epsilon-Greedy)

問11　2012年のILSVRCで優勝し、その後の深層学習ブームの火付け役となったモデルとして最も適当なものを、選択肢から1つ選べ。

A　VGGNet

B　AlexNet

C　LeNet

D　GoogLeNet

問12 Inceptionモジュールの説明として最も適当なものを次の選択肢から1つ選べ。

A 複数の異なるフィルタサイズの畳み込みを並列で処理する
B 層の入出力を直接結合する
C フィルターの間隔を開けることで受容野を広くして畳み込み処理をする
D アテンション機構を取り入れて処理をする

問13 ResNetに関する記述として、最も適当なものを次の選択肢から1つ選べ。

A Inceptionモジュールを導入することで層を深くする工夫をしている
B 国際画像認識コンテストで初めて深層学習を用いて優勝し、深層学習ブームの火付け役になった
C 層を飛ばして結合するSkip Connectionを取り入れることで層を深くする工夫をしている
D 畳み込み層とプーリング層を繰り返すことで、9層や16層といった多層化を実現している

問14 下記の文章の空欄に当てはまる文章として最も適切なものを次の選択肢から1つ選べ。

Wide ResNetは、通常のResNetより（　）ことで、計算速度の高速化を実現している。

A skip connectionの数を多くする
B フィルタ数を少なくする
C 層を深くする
D 出力チャネル数を多くする

問15 下記の文章の空欄①、②に当てはまる語句の組み合わせとして最も適切なものを次の選択肢から1つ選べ。

MobileNetsで使用されるDepthSeparableConvolutionでは、空間方向に行う（①）と呼ばれる処理と、チャネル方向に1×1のフィルタで行う（②）と呼ばれる処理の2種類の畳み込みを行うことで計算量を減らしている。

A ①Pointwise Convolution、②Depthwise Convolution
B ①Depthwise Convolution、②Pointwise Convolution
C ①Dilated Convolution、②Atrous Convolution
D ①Atrous Convolution、②Dilated Convolution

問16 下記の文章が表すモデルとして、最も適当なものを選択肢から1つ選べ。

層を深くするのではなく、効率的なパラメータ配置で高精度を達成するアプローチで、CompoundCoefficient（複合係数）を導入して実現した。また、転移学習に適すると言われている。

A PSPNet
B NASNet
C EfficientNet
D MobileNets

問17 NASNetの特徴として最も適切なものを選択肢から1つ選べ。

A パラメータを自動で最適化する
B ネットワークアーキテクチャを自動で最適化する
C Compound Coefficientを導入して比較的シンプルな構成で高い精度を実現したモデル
D モバイル向けに計算量を小さくして高速化を実現したモデル

問18 次の文章の①、②、③、④に最も当てはまる組み合わせを選択肢から1つ選べ。

①は物体候補領域を②を用いて抽出して画像分類をする物体検出用のモデルである。③は、②の代わりに④を使用することで更なる高速化を実現している。

A ①R-CNN、②Region Proposal Network、
③Fast R-CNN、④Selective Search

B ①R-CNN、②Selective Search、③Faster R-CNN、
④Region Proposal Network

C ①R-CNN、②Selective Search、③Fast R-CNN、
④Region Proposal Network

D ①R-CNN、②Region Proposal Network、
③Faster R-CNN、④Selective Search

問19 SSDの特徴として、最も不適切なものを選択肢から1つ選べ。

A 位置の特定とクラスの識別を行う1段階モデルである

B CNNの途中の特徴マップを検出に活用する

C 小さな物体の検出が得意である

D 物体の領域検出のために、複数のデフォルトボックスと呼ばれる矩形領域を用意している

問20 セマンティックセグメンテーション向けのCNNで、計算量を大きく増加させずに受容野を広げる工夫をしたCNNとして最も当てはまる名称を選択肢から1つ選べ。

A U-Net

B Skip Connection

C Dilated Convolution

D SegNet

問21 敵対的生成ネットワーク（GAN）について、下記の文章の空欄①、②、③に最もふさわしい組み合わせを選択肢から選べ。

GANは、主に（①）と（②）から構成され、（①）は（②）に（③）ような画像を生成する。（②）は（①）が生成した画像と真の画像を区別するように分類します。

A ①画像生成器、②画像分類器、③判別しやすい
B ①画像生成器、②画像分類器、③判別しにくい
C ①画像分類器、②画像生成器、③判別しやすい
D ①画像分類器、②画像生成器、③判別しにくい

問22 画像生成モデルの名称として不適切なものを選択肢から1つ選べ。

A Pix2Pix
B DCGAN
C DeepDream
D DeepLab

問23 画像ペアが不要なスタイル変換の画像生成アルゴリズムの名称として、最も適当なものを選択肢から1つ選べ。

A CycleGAN
B Pix2Pix
C cGAN
D PatchGAN

7

ディープラーニングの研究分野

267

問24 機械翻訳のような、入力も出力も時系列のデータを処理するのに最も適したモデルを、次の選択肢から1つ選べ。

A SSD
B LSTM
C RNN Encoder-Decoder
D DeepLab

問25 次の文章の (ア)、(イ)、(ウ) に最も当てはまる適切な組み合わせを選択肢から1つ選べ。

アテンションの基本は、(ア) により、(イ) を検索し、(ウ) を取り出す操作である。
Transformerに使用されるアテンションのうち、ソース・ターゲットアテンションでは、(ア)、(イ) はソース (エンコーダの隠れ層) の出力を利用し、(ウ) はターゲット (デコーダの隠れ層) の出力を利用する。セルフアテンションは、(ア)、(イ)、(ウ) いずれも同じ隠れ層からの出力を利用する。

A (ア) Query、(イ) Key、(ウ) Value
B (ア) Key、(イ) Query、(ウ) Value
C (ア) Value、(イ) Query、(ウ) Key
D (ア) Query、(イ) Value、(ウ) Key

問26 BERTについて説明した文章として最も適切なものを下記の選択肢から1つ選べ。

A トランスフォーマーのデコーダと似た構造で、事前学習として過去の単語列から次の単語を予測するタスクを行う

B トランスフォーマーのエンコーダと似た構造で、事前学習として過去の単語列から次の単語を予測するタスクを行う

C トランスフォーマーのエンコーダを利用した構造で、事前学習として、文章内でマスクされた単語の予測をするというタスクを行う

D トランスフォーマーのデコーダを利用した構造で、事前学習として、文章内でマスクされた単語の予測をするというタスクを行う

問27 言語理解タスクの精度評価のためのデータセットとして最も適切なものを次の選択肢から1つ選べ。

A メル尺度

B GLUEベンチマーク

C ImageNet

D 赤池情報基準

問28 発音された音韻を特徴づける、スペクトル包絡のピークが現れる周波数をなんと呼ぶか。最も適切なものを次の選択肢から選べ。

A 共振周波数

B メルスペクトル

C フォルマント周波数

D メル周波数

問29 ダブルDQNの特徴として最も適切なものを次から選べ。

A 状態価値とアドバンテージを分けて学習し、その和をQ値として評価することで学習効果改善をする

B ネットワークの重み自体に乱数を与えることで最適化と探索のバランスをとる

C 行動選択はQネットワーク、Q値の評価はターゲットネットワークで行うことでQ値を適切に推定する

D 派生したDQNの手法をすべて組み合わせることで、パフォーマンスの改善をする

問30 オフライン強化学習のメリットとして最も適切なものを次の選択肢から選べ。

A 学習したモデルをギャップなく容易に実世界に転移できる

B 報酬設計が容易である

C 学習の際の計算量が小さい

D 実世界で学習を行うより、データ収集コストや安全性確保のリスクが低い

問31 grad-CAMの記述として最も適切な文章を次の選択肢から1つ選べ。

A サンプルの周囲のデータ空間を線形近似して、予測値に対する特徴量の寄与度を求める

B ゲーム理論で用いられる指標を用いて、予測値に対する特徴量の寄与度を求める

C 限定的なモデルにおいて、画像認識でどの特徴量を重視したかを可視化する

D 任意のモデルにおいて、画像認識でどの特徴量を重視したかを可視化する

問32 次の文章を読み、空欄ア、イに当てはまる最も適切な選択肢をそれ
ぞれ1つ選べ。

MASK R-CNNは (ア) セグメンテーションタスクに用いられる (イ)
タスクモデルである。

A セマンティック
B マルチ
C インスタンス
D シングル

問33 次の文章を読み、空欄に当てはまる最も適切な選択肢を選べ。

音声認識において重要な尺度の1つである ( ) 尺度がある。( ) 尺
度は間の音声知覚の特徴を考慮した尺度である。

A メル
B バーク
C 多次元
D ERB

問34 音声データを扱うモデルとして、最も関連性の低い用語を1つ選べ。

A WaveNet
B LSTM
C SegNet
D CNN

問35 次の文章の空欄に当てはまる最も適切な選択肢を選べ。

（　）は、強化学習のアルゴリズムの1種であり、特徴として最も報酬の期待値が高い行動を選択するが、一定の確率でランダムに行動を選択する。

A He初期化
B SimGAN
C ε-Greedy法
D 敵対的生成ネットワーク

問36 次の文章を読み、空欄に当てはまる最も適切な選択肢を選べ。

イーロン・マスク設立した研究機関によって開発された（　）は、2019年多人数型対戦ゲームであるDota2において、世界トップレベルのプレイヤーで構成されるチームに勝利した。

A スペースX
B TeslaAI
C XAI
D OpenAI Five

問1　正解：A

解説

A ○ 「セマンティック・セグメンテーション」の説明のため、適切な内容です。なお、ピクセル単位で物体領域を特定し、個々の物体ごとに認識し切り分ける手法は「インスタンス・セグメンテーション」となります。

B × 「物体検出」の説明のため、不適切な内容です。「セマンティック・セグメンテーション」は「物体検出」のように矩形領域のBounding Boxは用いず、ピクセル単位で物体領域を特定する手法です。

C × 「画像生成」の説明のため、不適切な内容です。「セマンティック・セグメンテーション」では画像は生成しません。

D × 「画像キャプション生成」の説明のため、不適切な内容です。「セマンティック・セグメンテーション」では画像の説明文は生成しません。

問2　正解：（ア）D、（イ）A、（ウ）C

解説

A 画像の平滑化の説明であるため、選択肢（イ）に該当します。

B 画像解析の前処理としてサイズが異なる画像をリサイズすることはありますが、文章の説明と合わないため、選択肢から外れます。

C ヒストグラム平坦化の説明であるため、選択肢（ウ）に該当します。

D グレースケール化の説明であるため、選択肢（ア）に該当します。

問3　正解：D

解説

A × 「構文解析」の説明であるため、不適切な内容です。

B × 「意味解析」の説明であるため、不適切な内容です。

C × 「分散表現」の説明であるため、不適切な内容です。

D ○ 「形態素解析」の説明であるため、適切な内容です。

7 ディープラーニングの研究分野

解説

A　×　「含意関係解析」の説明のため、不適切な内容です。

B　×　「照応解析」の説明のため、不適切な内容です。

C　×　「談話構造解析」の説明のため、不適切な内容です。

D　○　感情解析（センチメント分析）」の説明のため、適切な内容です。

問5　正解：（ア）C、（イ）D

解説

A　　ChainerはPreferred Networksが公開したライブラリのため、選択肢から外れます。

B　　PyTorchはFacebookの人工知能研究グループが公開したライブラリのため、選択肢から外れます。

C　　BERTはGoogleが公開したモデルであるため、選択肢（ア）に該当します。

D　　MT-DNNはMicrosoftが公開したモデルであるため、選択肢（イ）に該当します。

問6　正解：（ア）D、（イ）A、（ウ）B

解説

A　　CBOWは、周辺の単語から中心に位置する単語を予測するモデルであるため、選択肢（イ）に該当します。

B　　fastTextは、Word2Vecの後継モデルであるため、選択肢（ウ）に該当します。

C　　ディープラーニングを用いた分散表現のモデルがWord2Vecであるため、選択肢から外れます。

D　　スキップグラムは、ある単語から周辺の単語を予測するモデルであるため、選択肢（ア）に該当します。

> **問7** 正解：A

解説

A ○ スキップグラムはWord2Vecで扱われる手法であるため、Transformer
とは関連性の低い用語です。

B × TransformerのAttentionの基本はクエリ（query）とメモリ（Key, value）
であるため、関連性の高い用語です。

C × Transformerでは、多言語を扱える並列処理を行えるユニバーサルセンテ
ンスエンコーダがあるため、関連性の高い用語です。

D × Transformerでは、Attentionの性能向上を図るにあたり、並列化処理であ
るマルチヘッドアテンションを行う手法があるため、関連性の高い用語です。

> **問8** 正解：B

解説

A × Amazon Echoの音声合成はAlexaが用いられており、WaveNetは用いら
れていません。

B ○ 「WaveNet」の説明です。WaveNetによって、人間に近い自然な音声を生
成できます。

C × RNNの音声分野の成果として「WaveNet」が開発されました。

D × SiriはAppleの音声認識技術が用いられており、WaveNetは用いられてい
ません。

> **問9** 正解：C

解説

A × DQNはCNNを用いたアルゴリムであるため、説明として適切な内容です。

B × AlphaGoは後にGoogleの傘下となるDeepMindによって開発されている
ため、説明として適切な内容です。

C ○ 説明として不適切な内容です。深層強化学習では教師あり学習などと異なり、
正解データ付きの訓練データを用意する必要はありません。これはディープ
ラーニングを用いていない強化学習も同様です。

D × 深層強化学習の事例であるAlphaGoでは、囲碁の次の手の探索にモンテカ
ルロ探索木を用いているため、説明として適切な内容です。

問10　正解：B

解説

A ×　自己模倣学習は、過去の良かった行動を模倣するようなアルゴリズムであり、強化学習のアルゴリズムとしても利用されているため、関連性の高い用語です。

B ○　n-gramは音声認識の統計的モデルであるため、関連性の低い用語です。

C ×　方策蒸留（Policy Distillation）は、蒸留によって複雑なタスクを実行するモデルを効率的に訓練するアプローチであり、強化学習でも利用されているため、関連性の高い用語です。

D ×　イプシロン貪欲（Epsilon-Greedy）は、ε（イプシロン）の確率でランダムに行動し、(1 - ε)の確率で最も期待値の高い行動を選択する手法であり、強化学習に利用されているため、関連性の高い用語です。

問11　正解：B

解説

A ×　VGGNetは2014年にオックスフォード大学チームが発表しました。

B ○　AlexNetは2012年にトロント大学チームが発表し、深層学習ブームに注目が集まりました。

C ×　LeNetは1998年に発表された現在使用されているアーキテクチャの原型です。

D ×　GoogleNetは2014年にGoogleチームが発表しました。

問12　正解：A

解説

A ○　Inceptionモジュールの記述として適切です。

B ×　Skipconnectionの記述なので不適切です。

C ×　DilatedConvolutionやAtrousConvolutionの記述なので不適切です。

D ×　SENetの記述なので不適切です。

問13 正解：C

解説

A × GoogLeNetの記述なので不適切です。

B × AlexNetの記述なので不適切です。

C ○ ResNetの記述として適切です。

D × VGGNetの記述なので不適切です。

問14 正解：D

解説

A × Wide ResNetの記述として不適切です。

B × Wide ResNetの記述として不適切です。

C × Wide ResNetの記述として不適切です。

D ○ Wide ResNetの記述として適切です。Residual Blockを工夫して出力チャ
ネル数を多くすることで高速化を図っています。

問15 正解：B

解説

A × 組み合わせが逆なので、不適切です。

B ○ 適切な組み合わせです。Depth separable Convolutionは、この2つを組
み合わせることで通常のCNNよりパラメータを削減しています。

C × Dilated Convolution, Atrous Convolutionは、どちらも受容野を広くす
る工夫をしたCNNなので不適切です。

D × Cと同様、不適切です。

問16 正解：C

解説

A × PSPNetは、ピラミッドプーリングモジュールを用いたセマンティックセグ
メンテーションお湯のモデルなので不適切です。

B × NASNetは、ネットワークアーキテクチャを最適化するモデルなので不適

切です。

C ○ 問題文は、EfficientNetの記述として適切です。

D × MobileNetsは、モバイル向けに計算量を削減して高速化したモデルなので不適切です。

問17 正解：B

解説

A × パラメータを自動で最適化するのは、機械学習一般の特徴なので不適切です。

B ○ NASNetの特徴として適切です。

C × EfficientNetの特徴の記述なので不適切です。

D × MobileNetsの特徴の記述なので不適切です。

問18 正解：B

解説

A × R-CNNはRegion Proposal Networkは用いません。不適切です。

B ○ R-CNNはSelective Searchを用いて物体候補領域を抽出しており、Faster R-CNNはRegion Proposal Networkを用いて高速化を行っています。適切です。

C × Fast R-CNNはRegion Proposal Networkを用いません。不適切です。

D × R-CNNの特徴とFaster R-CNNの特徴が逆の記述になっています。不適切です。

問19 正解：C

解説

A × SSD（Single Shot Detector）は名前のとおり、1段階の検出モデルです。

B × SSDはCNNの途中の特徴マップの情報を活用することで小さな物体の検出をカバーしています。

C ○ SSDは構造上、小さな物体の検出には入力側の浅い層の特徴マップの情報しか使えないため、小さな物体の検出が得意とはいえません。

D × SSDは、複数の異なるサイズのデフォルトボックスを用意しており、様々

な形の物体を検出しやすくする工夫をしている。

問20 正解：C

解説

A × U-Netは自己符号化器型のネットワークでエンコーダ側の特徴マップをデコーダ側に伝達して位置情報をとらえやすくしたもので、不適切です。

B × skipconnectionは、層の入出力を直接結合して層をスキップする構造で、不適切です。

C ○ Dilated Convolutionで適切です。同じように受容野を広げるものにAtrous Convolutionがあります。

D × SegNetは自己符号化器型のセグメンテーションタスク用のモデルで、不適切です。

問21 正解：B

解説

A × 画像生成器は、画像分類器が判別しにくい画像を生成するので不適切です。

B ○ 画像生成器は、画像分類器が判別しにくい画像を生成することで、GANは真の画像に近いクラスの画像を出力します。

C × 画像分類器と画像生成器が逆です。画像生成器は、画像分類器が判別しにくい画像を生成するので不適切です。

D × 画像分類器と画像生成器が逆です。

問22 正解：D

解説

A × Pix2Pixはスタイル生成などを行う、画像生成モデルです。

B × DCGANは画像生成モデルです。

C × DeepDreamはGoogleが公開した画像生成モデルを利用したツールです。

D ○ DeepLabはセマンティックセグメンテーション用のモデルで、画像生成モデルではありません。

問23 正解：A

解説

A ○ CycleGANは画像ペアが不要なスタイル変換の画像生成アルゴリズムで、適切です。

B × Pix2Pixは画像ペアが必要なスタイル変換の画像生成アルゴリズムで、不適切です。

C × cGANは条件付きGANで、適切です。

D × PatchGANは画像をパッチに分割して識別器で判定するGANで、不適切です。

問24 正解：C

解説

A × SSDは物体検出に使用されるCNNベースのモデルです。

B × LSTM単体では、時系列の過去の単語列の入力に対して、出力は次に来る単語1つのみです。

C ○ エンコーダとデコーダにそれぞれRNNを用いたモデルで、入力も出力も時系列で処理することができます。

D × DeepLabは物体セグメンテーション向けのモデルです。

問25 正解：A

解説

A ○ ソース・ターゲットアテンションでは、Query, Keyはソースの出力を利用し、Valueは、ターゲットの出力を利用します。セルフアテンションでは、3つとも同じ隠れ層からの出力を利用するので、正解です。

B × 組み合わせが適切でなく、不正解です。

C × 組み合わせが適切でなく、不正解です。

D × 組み合わせが適切でなく、不正解です。

問26 正解：C

解説

A × GPTの記述なので不適切です。

B × BERTは過去の単語列から次の単語を予測するタスクは事前学習で行わないので不適切です。

C ○ BERTの記述として適切です。

D × BERTは、デコーダではなく、トランスフォーマーのエンコーダを利用した構造なので不適切です。

問27 正解：B

解説

A × メル尺度は、人間の聴覚を考慮した音声の尺度なので不適切です。

B ○ GLUEベンチマークは、精度評価のために、様々な言語理解タスクをまとめたデータセットなので適切です。

C × ImageNetは、物体認識のための画像の大規模データセットなので不適切です。

D × 赤池情報量基準は、統計モデルの良さを評価するための基準なので不適切です。

問28 正解：C

解説

A × 共振周波数は、電気回路や音声などで振動が最も伝わりやすくなる「共振」を起こす周波数です。

B × メルスペクトルは、音響の周波数に人間の聴覚に基づいたメルフィルタバンクをかけたもので、音響の特徴量としても用いられます。

C ○ 音響のスペクトラム包絡をフォルマントと呼び、フォルマントが現れる周波数をフォルマント周波数と呼びます。音韻の特徴量として用いられます。

D × メル周波数は、メル尺度による人間の聴覚に基づいた周波数スケールのことです。

問29 正解：C

解説

A ×　デュエリングネットワークの記述です。

B ×　ノイジーネットワークの記述です。

C ○　ダブルDQNの記述として適切です。

D ×　Rainbowの記述です。

問30 正解：D

解説

A ×　シミュレーションと実世界の間ではリアリティギャップという問題があり、転移は簡単ではなく、ドメインランダマイゼーションなど様々な手法が研究されています。

B ×　実世界を模した世界で行うため、報酬設計が簡単になるとは限りません。

C ×　計算量が小さくなるとは限りません。

D ○　シミュレーション上で既存のデータを利用して学習を行うため、新たなデータ収集のための物理的なセンサなどのコストや実世界での衝突などの安全性のリスクは低くなります。

問31 正解：D

解説

A ×　LIMEの記述です。

B ×　SHAPの記述です。

C ×　CAMの記述です。

D ○　grad-CAMの記述として適切です。

問32 正解：（ア）C、（イ）B

解説

A MASK R-CNNはインスタンスセグメンテーションに用いられるため、選択肢から外れます。

B MASKR-CNNはマルチタスクモデルであるため、選択肢（イ）に該当します。

C MASK R-CNNはインスタンスセグメンテーションに用いられるため、選択肢（ア）に該当します。

D MASKR-CNNはシングル・タスクモデルではなく、文章の説明と合わないため、選択肢から外れます。

問33 正解：A

解説

A ○ メル尺度は間の音声知覚の特徴を考慮した尺度であるため、選択肢（ア）に該当します。

B × バーク尺度は、音響心理学的尺度であり、文章の説明と合わないため、選択肢から外れます。

C × 多次元尺度は法は多変量解析の手法の1つです、文章の説明と合わないため、選択肢から外れます。

D × ERB尺度は等矩形帯域幅（Equivalent Rectangular Bandwidth）を表す尺度であり、尺度に沿い均等間隔に置かれる40帯域の1組の好適な臨界帯域を表し、文章の説明と合わないため、選択肢から外れます。

問34 正解：C

解説

A × WaveNetは音声認識・音声合成で扱われるモデルであるため、音声データを扱うモデルの1つです。

B × LSTMは音声認識エンジンなどでも使われているモデルであるため、音声データを扱うモデルの1つです。

C ○ Segnetは画像セグメンテーションで使われるモデルであるため、最も関連性の低い用語です。

D × CNNはWavenetなどで利用されているため、音声データを扱うモデルの1つです。

問35 正解：C

解説

A × He初期化は、ニューラルネットワークのパラメータ初期化の1つであり、ReLU関数などの非線形関数を用いた手法であるため、選択肢から外れます。

B × simGANは、機械学習の学習データがないときに生成データを本物のように加工して見せると精度が上がる手法であるため、選択肢から外れます。

C ○ ε-greedy法の説明であるため、適切な内容です。

D × 敵対的ネットワークはGANのことであり、直接本文の内容のアルゴリズムを示しているわけではないため、選択肢から外れます。

問36 正解：D

解説

A × スペースXは、イーロン・マスクによって設立された企業ですが、Dota2には関連しないため、選択肢から外れます。

B × Teslaは、イーロン・マスクによって設立された企業ですが、Tesla AIというAIは存在せず、選択肢から外れます。

C × XAIは、説明可能なAIのことであり、DARPAが中心となり発足したプロジェクトであるため、選択肢から外れます。

D ○ OpenAI Fiveの説明内容のため、適切です。

第**8**章

ディープラーニングの産業展開

製造業

ディープラーニングの事業展開での取り組み
も進んでおり、既存産業に大きな影響を及ぼ
しています。製造業においても活用が進んで
おり、その活用事例を理解していきます。

Navigation

要点をつかめ!

ADVICE!

学習アドバイス

製造業の現場ではIoTやロボティックスといった分野でディープ
ラーニングを活用する動きが多くあります。どのような事例で使用
が進んでいるかを理解することが重要です。

キーワードマップ

```
●製造業
├─ スマート工場
│  ├─ 生産革新
│  │  ├─ インダストリー4.0
│  │  ├─ Industrial Internet
│  │  ├─ 中国製造 2025
│  │  └─ Society5.0
│  ├─ ビッグデータ
│  ├─ エッジコンピューティング
│  └─ クラウドコンピューティング
└─ ロボティクス
   └─ マルチエージェント強化学習
```

出題者の目線

●ディープラーニングと親和性の高い仕組みであるIoTやビッグデータに関する
問題が過去に出題されています。

Lecture

詳しく見てみよう

1 スマート工場

　世界各国で次世代型製造業への転換を打ち出しており、ドイツでは、**Industry 4.0（インダストリー4.0）**、アメリカでは**Industrial Internet**、中国では**中国製造2025**といった生産革新を進めています。日本でも**Society5.0**の指針を掲げています。

　日本では**ビッグデータ**の活用も見据え、工場のスマート化への取り組みが進んでいます。なお、ビッグデータには、**Variety**（多様性）、**Volume**（膨大）、**Velocity**（生成・更新が迅速）という特徴があります。

　2017年に経済産業省が公表した**Connected Industries**を受け、工場を**IoT（Internet of Things）**化することで生産改革を実現する**スマート工場**への取り組みが進められています。

　スマート工場の実現のために、工場などの現場にサーバを分散配置する**エッジコンピューティング**と呼ばれるネットワーク技法を取り入れることで、工場内に設置しているセンサなどから得られる大容量のデータに対し、リアルタイムに高速な処理を可能としています。エッジコンピューティングで処理したデータを遠隔地にある**クラウドコンピューティング**に送ることで、クラウド側の処理の負担や遅延を防ぐことも可能となります。

2 ロボティクス

　ディープラーニングにより、画像認識技術などが発達し、ロボットの眼のような役割ができ、物体の認識が可能になりました。ロボティクスの分野でも、ロボットの動作を覚えさせるために強化学習の活用が進んでいます。各種センサから取得した異なる形式のデータである**マルチモーダル**な情報に対してディープラーニングを活用することで、従来のロボットでは難しいとされる動作についても、入出力に設計者の介入を必要としない一気通貫学習ができるようになりました。

得点アップ講義

\\POINT UP!/

エッジコンピューティングとクラウドコンピューティングの違いを理解しておいてください。

しかし、強化学習は学習に時間を要するため、**マルチエージェント強化学習**によって同じ環境で複数の強化学習エージェント、例えば2台のロボットで同時に学習する場合もあります。

　ロボティクスの分野ではディープラーニングと**アクチュエータ**と呼ばれる電気信号を物理運動に変換する技術を組み合わせることで、様々な動作ができるようになり、工場でのピッキング作業などで活用されています。

コラム　ディープラーニングの事業展開

　ディープラーニングの事業展開は、様々な業界で取り組みが進んでいます。

　最近ですと、企業のDX（デジタル・トランスフォーメーション）を行う動きが盛んになり、その取り組みの一環でディープラーニングを含めたAIの活用が進んでいます。

　製造業であればスマート工場のシステムの実用化が進み、自動車産業であれば自動運転の精度の向上が進んでいます。

　自動運転については海外に目を向けてみると、中国ではすでにタクシーの無人運転のサービスが開始されているという状況があります。

　インフラや農業事業以外でもドローンの活用が進んでいて、多くの事業でAIが活用されたドローンによるサービスが展開されています。

Theme 2 自動車産業

重要度：★★☆

ディープラーニングの事業展開の中でも実世界への実装で最も期待されている分野の1つが自動車産業での取り組みです。その活用事例や規制を理解していきます。

要点をつかめ！

Navigation

ADVICE!

学習アドバイス

自動車産業でのディープラーニングの活用事例として自動運転技術への応用が進んでいます。自動運転技術がどのレベルでどのように活用されているのか理解することが重要です。

キーワードマップ

- ●自動車産業
  - ├ 自動運転
  - │　└ SAE J3016
  - └ 生産工程

出題者の目線

●自動運転レベルの定義であるSAEについて問われる問題が過去に出題されています。

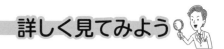

詳しく見てみよう

1 自動運転

　自動運転技術は日本政府も社会的期待をしており、2018年に発表した官民ITS構想・ロードマップ2018にも自動運転産業の発展について取り上げられています。自動運転レベルの定義は、内閣府が2018年に公開した戦略的イノベーション創造プログラム (SIP) 自動走行システム研究開発計画で米国のSAE (Society of Automotive Engineers) が定めた **SAE J 3016** の定義を採用するとしています (次表参照)。

▼ SAEの自動運転レベルの定義概要

レベル	概要	安全運転に係る監視、対応主体
運転者がすべてあるいは一部の運転タスクを実施		
レベル0 運転自動化なし	・運転者がすべての運転タスクを実施	運転者
レベル1 運転支援	・システムが前後、左右のいずれかの車両制御に係る運転タスクのサブタスクを実施	運転者
レベル2 部分運転自動化	・システムが前後、左右の両方の車両制御に係る運転タスクのサブタスクを実施	運転者
自動走行システムがすべての運転タスクを実施		
レベル3 条件付運転自動化	・システムがすべての運転タスクを実施 (限定領域内) ・作動継続が困難な場合の運転者は、システムの介入要求などに対して適切に応答することが期待される	システム (作動継続が困難な場合は運転者)
レベル4 高度運転自動化	・システムがすべての運転タスクを実施 (限定領域内) ・作動継続が困難な場合、利用者が応答することは期待されない	システム
レベル5 完全運転自動化	・システムがすべての運転タスクを実施 (限定領域内ではない) ・作動継続が困難な場合、利用者が応答することは期待されない	システム

出典:「自動運転車の安全技術ガイドライン」国土交通省自動車局

　SAE J3016ではレベル0〜5までを定義しています。

　通常の運転レベルをレベル0とし、**完全自動運転**を**レベル5**と定義しています。**自動ブレーキ**、追従走行、斜線内走行などの車両制御を自動で行うレベルを**レベル1**とし、高速道路での自動運転レベルをレベル2としています。

　レベル0〜レベル2までを**ドライバーによる監視**が必要としています。2018年時点、日本ではレベル2の一部までが実用化されていますが、すでに海外ではドイツ鉄道が2017年にレベル3の自動運転車を使った公道での運行を開始しています。**レベ**

ル3以上のレベルを利用者ではなくシステムが主体となる**システムによる監視**と定義しており、**レベル5**は利用者からの支援なしにあらゆる環境で、自動運転が可能となる**完全運転自動化**となります。日本政府は、**2025年目途に高速道路での完全自動運転（レベル4）**を目指しています。

　自動運転の企業のアプローチとして、自動車メーカーやサプライヤーはレベル1から段階的に自動化を進めようとしています。一方、IT企業やスタートアップはレベル3から実現しようという2つのアプローチがあります。特にGoogle傘下の**Waymo（ウェイモ）**は2009年から先駆的な取り組みを行っている企業として注目されています。自動運転におけるディープラーニングの活用について、2018年時点では車載カメラによる外界認識における画像認識の利用などに留まっていますが、今後はシーン理解・予測、行動計画に活用されることを政府は期待しています。

　レベル3以上を実現するためにはインフラの整備も重要となり、日本でも自動車損害賠償保障法や道路運送車両法、**道路交通法**などの法制度の課題があります。「道路交通法」の例では、2019年5月に改正法が成立しました。改正内容としては、緊急時にドライバーが手動で運転できることを前提に、**自動運転中にスマートフォンや携帯電話を手に持って操作することが可能になります。**

　自動運転の開発・実用に際して、国によって道路の環境や規制の考えに違いがあります。海外の事例では、米国のネバダ州では自動運転の走行を許可していたり、同国のカリフォルニア州では公道での**無人走行を許可**していたりするなど規制を取り払う動きがあります。一方、日本では、高速道路などを自動走行する際、ドライバーがハンドルから**65秒**以上手を離すと**手動運転に切り替える**仕組みを自動車に搭載することを義務付けており、具体的には2019年10月以降の自動運転機能を備えた新型車が対象となります。

　そのほか、自動運転を前提とした移動サービス（**ロボットタクシー**）の開発も進められています。米国では**Uber**がAI研究所を設立し、経路検索エンジンの開発や自動走行の開発を進めています。日本でもDeNAなどがロボットタクシー会社を設立し、自動運転タクシーの実証実験に取り組んでいます。

2 生産工程

　自動車産業の生産工程でも、設計や生産プロセスで収集したデータに基づく生産の効率化や、ディープラーニングをはじめとしたAIを組み込んだ製造ロボットなどによる生産の自動化が進んでいます。

　例えば、AIやIoTなどを活用することで、**製造現場のリアルタイムなデータ**から自社の生産オペレーションを最適化する取り組みや、**熟練技術者の匠の技をディープラーニングに学ばせ**、生産工程の自動化を図る取り組みが進められています。

インフラ・農業

道路、鉄道、空港、港湾、治水などの生活インフラや農業分野などの広大な領域にもディープラーニングの活用が期待されています。どのような技術が応用されているかを理解しましょう。

Navigation

要点をつかめ!

ADVICE!

学習アドバイス

インフラや農業分野ではドローンを活用したディープラーニングの応用などが進んでいます。どのような事例や規制があるのかを理解することが重要です。

キーワードマップ

●インフラ・農業
  ├─ IoT化
  ├─ ドローン
  └─ スマート農業

出題者の目線

●インフラや農業で活用されているドローンの飛行条件に関する問題が過去に出題されています。

Lecture

詳しく見てみよう

1 インフラ

　インフラにおけるディープラーニングの活用として、設備の故障や異常検知を行うメンテナンスの効率化などがあります。例として、「コンクリートのひびわれ検出」や「橋梁の損失推定」などがあります。センサを取りつけて**IoT**化しデータを収集し解析したり、小型無人機（**ドローン**）による空撮を行い、ディープラーニングを用いた解析を行ったりする事例などがあります。

　ドローンを活用するには定められた飛行ルールに準じなければならず、国から許可が必要な領域は**空港などの周辺の上空の空域**、**人口集中地区の上空**、**150 m 以上の高さの空域**であり、国から承認が必要な飛行方法は**夜間飛行**、**目視外飛行**、**30 m 未満の飛行**、**イベント上空飛行**、**危険物輸送**、**物件投下**などがあります。

2 農業

　日本では農家数が減少し、かつ高齢化が進んでいることもあり、農業でのディープラーニングの活用が求められています。政府は**スマート農業**を実現するために研究会も立ち上げて取り組んでおり、「熟練者の作業ノウハウのAIによる形式知化」「遠隔監視による農機の無人走行システム実現」「ドローンとセンシング技術やAIの組み合せによる農薬散布、施肥などの最適化」「自動走行農機などの導入・利用に対応した土地改良事業の推進」などの応用にAIやディープラーニングの活用を期待しています。

　海外では、農地が広大であることもあり、ドローンを活用し、上空から得た写真の画像認識によって作物や土壌の状況を分析するサービスも登場しています。

\POINT UP!/

得点アップ講義

農業では「収穫や仕分け」「農薬の散布」などにディープラーニング技術が活用されていることも理解しておいてください。

Theme
4

重要度：★☆☆

その他の事業

ディープラーニングの事業展開での取り組み
はすべての業界で多かれ少なかれ影響を及ぼ
しています。その活用事例を理解していきます。

Navigation

要点をつかめ！

ADVICE!

学習アドバイス

各事業でのディープラーニングの活用例を通じ、ディープラーニン
グがどのように活用されているかを理解することが重要です。

キーワードマップ

- ●その他の事業
  - 医療・健康・介護
  - 防犯・防災
  - エネルギー分野
  - 教育
  - 金融業
  - 物流
  - 流通
  - 行政

出題者の目線

●ブロックチェーンに関する問題が過去に出題されています。

Lecture

詳しく見てみよう

1 医療・健康・介護

（1）医療

　医療の分野でもディープラーニングの応用が進められており、**画像による診断支援、医薬品開発（創薬）の支援**などへの活用が期待されています。

　ディープラーニングを用いた画像認識技術による画像診断支援は、画像中に病変があるかないか、その病変が悪性か良性かを判別します。画像診断の技術は多様な部位の画像に適用され、がんや骨折などの診断にも利用されています。CNNを拡張してＸ線CT画像からがん画像を検出する技術などが活用されています。

（2）健康・介護

　健康・介護の分野でもディープラーニングの応用が進められており、介護支援や生活習慣病予防などへの活用が期待されています。事例として、着衣介助ロボットでの襟や袖の認識のためにディープラーニング技術が活用されています。

2 防犯・防災

　防犯分野におけるディープラーニングをはじめとしたAIの活用として、**監視カメラ**などの映像を元にしたリアルタイムでの不審者の特定や、ドローンによる**防犯ロボット**などの事例があり、2020年の東京オリンピックへの活用も期待されています。

　その他、サイバーセキュリティ対策として、ディープラーニングなどを活用し、マルウェアなどの検知率を高めたり、未知のマルウェアの予測・検知を行う取り組みが進められたりしています。また、IoTを活用した河川や道路の監視なども期待されています。

得点アップ講義 　\POINT UP!/

医療分野においても、ディープラーニングの活用に留まらず医療機器接続などでIoT技術も活用されていることを理解しておいてください。

3 エネルギー分野

日本では2016年に電力小売全面自由化がはじまってから、AIやIoTを活用した需要量の予測などの取り組みが進められています。例として、「スマートメーター」のデータを活用した取り組みなどが挙げられます。

4 教育

日本政府は**Society5.0**時代に向けて、AI、IoTなどの革新的技術をはじめとするICT等も活用する旨の方針を掲げています。ICTやAIを活用した新しい教育を指す**EdTech（Education × Technology）**が着目されており、個人に応じた指導である**アダプティブ・ラーニング**などの取り組みも進んでいます。その他にも印刷された文字や手書きの文字を画像として読み込み、テキストデータ化する従来のOCR（Optical Character Recognition/Reader）技術にAIを組み合わせた**AI-OCR**技術により、手書き文字認識率を高め、筆記試験の採点の効率化を図る取り組みも進められています。

5 金融業

金融分野におけるAIの活用は、アルゴリズムによる株式取引から資産運用、個人向けの金融サービス、保険サービスまで多岐にわたっています。特にAIは**Fintech**の中核技術の1つとして期待されており、ディープラーニングを利用した取り組みも進んでいます。時系列データを元にしたディープラーニングによる**株価の予測**や**不正取引検知**の活用事例もあります。また、IBMの**Watson**を導入した**チャットボット**による顧客からの問い合わせの自動対応、**RPA**によるローン審査の自動化などの事例もあります。

最近では**ブロックチェーン**技術とAI技術とを併せて活用する動きが盛んであり、ブロックチェーン技術には以下のような特徴があります。

・データの改竄（かいざん）が困難
・金融業界以外にも技術の応用が進んでいる
・分散型台帳技術

6 物流

　物流業では**EC（Electronic Commerce）**の利用拡大などにより、AIを用いた配送や倉庫管理の効率化が注目されています。物流の現場でも物品のピッキングなどの自動化にディープラーニングが活用されています。またドローン配送などの実証実験も進んでいます。

7 流通

　米国ではAmazonを筆頭に流通業でAIの活用が進んでいます。Amazonは2018年に無人店舗**Amazon Go**をオープンし、新たなソリューション開拓を進めています。中国でも**WeChat Pay**や**Alipay**などの電子決裁アプリが浸透しています。
　流通業では従来から**データマイニング**により分析が行われていますが、AIを活用した効果的な分析によって、**消費者一人ひとりに合わせたデジタル広告を配信する**などの取り組みがさらに進んでいます。
　ECサイトなどでは、顧客が好みそうな商品を推薦（レコメンド）するために、従来の機械学習やディープラーニングを組み合わせた活用が進んでいます。例として、顧客の行動履歴などの情報を元に類似性などを関連付ける「協調フィルタリング」を活用したり、商品の特徴から推薦を行う「**内容（コンテンツ）ベースフィルタリング**」を活用したりする手法が挙げられます。なお、コンテンツベースフィルタリングは、ユーザの好みを判断する情報が乏しく適切な情報を推薦できない場合、**コールドスタート問題**が起きることがあります。そのほか、ある記事を見たユーザに対しほかの記事を薦める際、トピックモデルを活用する手法などが進められています。
　ECサイトなどの顧客や商品の関係性のデータをデータベースのテーブルで表すと、関連のないデータは0で表され、スパース（素）な状態となります。医療分野のMRIの画像なども隣り合う画像データは同一のデータであることが多いため、スパースなデータになりやすいといえます。このような少量の意味あるデータを学習させる場合に有効な手法として「スパースモデリング」があります。

8 行政

　政府や地方自治体では、行政サービスのスピードアップや利便性向上、付加価値の高い業務への注力を目的としてAIを活用する動きがあります。行政でもAIによる問い合わせサービスとしてチャットボットなどによる対応サービスが進んでいます。

産業展開に向けてのプロジェクトの進め方

産業展開するためには、AIの性質を理解した
うえでビジネス展開する必要があり、そのポ
イントを理解していきます。

Navigation

要点をつかめ！

ADVICE! 学習アドバイス

AIを活用したシステムの開発は、従来の開発と進め方や性質が異
なる点を理解することが重要です。

キーワードマップ

- AIプロジェクト
  - CRISP-DM・MLOps
  - BPR／PoC
  - クラウド／エッジ
  - WebAPI
  - ステークホルダー／データサイエンティスト
  - オープンイノベーション／産学連携

出題者の目線

- CRISP-DMのような分析プロセスを問う問題が過去に出題されています。

Lecture 詳しく見てみよう

1 AIプロジェクトの概念

　AIプロジェクトを進めるうえで理解しておきたい概念として**CRISP-DM**と**MLOps**があります。

　CRISP-DMはCRoss-Industry Standard Processfor Data Miningの略で、データ分析モデルの1つであり、データ分析の道筋を示しています。6つのステップに分割されますが、ステップは完全に順番どおりに行われるわけではなく、大きな流れの順序を示しています。

▼**図8.1　CRISP-DMの概念図**

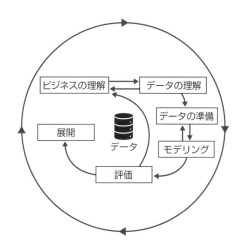

　MLOps は、Machine Learning と Operations を 合 成 し た 用 語 で あ り、**DevOps**（DevelopmentとOperationを合成した用語）から発生した用語です。MLOpsはAIを本番環境で運用しながら開発する概念であり、プロジェクト全体をシームレスに連携すること、システム運用後も継続しプロセスを回すことが重要であることを示しています。

8
ディープラーニングの産業展開

2 AIプロジェクトの進めるうえで押さえるべきポイント

(1) AIプロジェクトの適用検討

AIは目的ではなく手段でしかないためAIの適用が本当に必要か検討する必要があります。適用する際もAIはルールベースであるのか、ディープラーニングであるのかなど判断が分かれます。

(2) プロセスの再設計

AIを活用する場合は、業務プロセスと整合することが重要となります。そのため、**BPR**（Business PRocess Re-engineering：業務プロセス改善）が発生する場合があります。例えば、従来であれば人が実行する前提であったプロセスに対し、AIを活用するプロセスへ変更する必要があるためです。

AIシステムは学習を実行し使用していくことで**推論精度**の向上により徐々に進化していきます。そのため、業務プロセスを徐々に進化させることも可能となります。なお、AIの推論精度を早い段階で一定把握しておくために、**PoC**(Proof of Concept：コンセプト検証)を行うことも重要です。

(3) AIシステムの提供方法

従来システムを提供する際、オンプレミスでのサーバなどをデータセンターに設置することが多くありましたが、昨今、**クラウド**サービスを利用しシステムを提供することが多くなりました。

AIを用いたサービスについても、クラウドサービスを利用することで、提供が容易であったり、リソースの増減が容易であったりとメリットが多いことも特徴です。

AIサービスを簡単に利用するためには、**WebAPI**などを用いることでネットワーク越しにサービスを利用することが可能となります。

クラウドとは反対に利用現場にAIシステムを配置するエッジと呼ばれる提供方法があります。**エッジ**を活用することで、リアルタイム性高くサービスを提供できるメリットなどがあります。どちらか一方の手法だけを使わなければいけないというわけではなく、ハイブリッドで活用するシーンも多くあります。

(4) プロジェクト体制の構築

AIプロジェクトを進めるうえで重要な点として、初期の段階からビジネスサイドだけではなく、開発サイドのステークホルダーも含めてプロジェクトを推進することが望ましいといえます。その際、最先端の技術ありきでプロダクトを設計するのではなく、現場の利用者や、**ステークホルダー**のニーズを把握することが重要です。開発サイドでは、**データサイエンティスト**のようなデータ分析やモデルを構築する

ことに長けている人物も重要となります。

　また、AIの開発は段階ごとに柔軟に方針を変更できるような体制を構築することが望ましく、それに伴い**契約形式**も柔軟に対応することが望まれます。

　AIは大量の学習データなど利用することが多いため、下記のような設計に留意することが求められています。

- ・プライバシー侵害の予防の考え：**プライバシーバイデザイン**
- ・セキュリティに配慮した考え：**セキュリティバイデザイン**
- ・価値全体に配慮した考え：**バリューセンシティブデザイン**

3 外部連携

　AIに関するサービスやプロダクトを提供するに際し、他企業や他業種と連携する**オープンイノベーション**が増えており、研究機関と企業が連携する**産学連携**も盛んになっています。

コラム　オープンイノベーション

　オープンイノベーションはスタートアップのサービスを活用した事例なども多くあります。特に、スタートアップがAIをはじめとした画期的な技術やサービスを展開しているケースが多く、大手企業での活用も進んでいます。

　オープンイノベーションを行う際の契約関連の手続きで、特許庁はAI編の解説パンフレットなどを提供しています。

参考サイト：特許庁 オープンイノベーションポータルサイト
https://www.jpo.go.jp/support/general/open-innovation-portal/index.html

---

得点アップ講義

キーワードを暗記するのではなく、AIプロジェクトを進めるために必要な流れを理解しておいてください。

\\POINT UP!/

ディープラーニングの産業展開 8

問題を解いてみよう

問1 エッジコンピューティングといわれる「データを取得するデバイスの近くにサーバを分散配置する」ネットワーク技法の説明として最も適切な説明文を選べ。

A ドイツ政府が推進する製造業のデジタル化・コンピュータ化を目指したコンセプトである

B 工場などの現場に設置されたセンサからのデータ収集だけでなく、加工や分析も行うことで、クラウドに送信するデータ量の最適化や、現場のリアルタイム性を確保することが可能となる

C 手元のコンピュータで管理・利用していたソフトウェアやデータなどを、インターネットなどのネットワーク上にあるコンピュータからサービスとして受けることが可能となる

D DeepMindが公開した技法であり、強化学習を用いている

問2 次の文章を読み、空欄に当てはまる最も適切な選択肢を選べ。

製造業をはじめとした様々な業界で活用されているロボティクスの分野でもディープラーニングの活用が進んでいる。ロボットに適切な動作を覚えさせるために、(ア)を最大化するような行動を学習する深層強化学習が使われることが多い。また、各種センサから得られる(イ)な情報に対してもディープラーニングの活用が進んでいる。それにより、データの入出力に設計者を介することなく一連の動作をおこなう(ウ)が可能となった。

(ア)に入る言葉は以下のどれか。
A 意味
B マージン
C コスト
D 報酬

（イ）に入る言葉は以下のどれか。

A　マルチモーダル

B　マルチエージェント

C　マルチタスク

D　マルチGPU

（ウ）に入る言葉は以下のどれか。

A　表現学習

B　一気通貫学習

C　事前学習

D　マルチエージェント強化学習

問3　日本政府も採用している自動運転の定義である「SAE J3016」の説明として最も適切な説明文を選べ。

A　レベル2以上で自動運転システムがすべての運転タスクを実施する

B　レベル0は自動ブレーキのようなシステムが前後・左右のいずれかの車両制御を実施するレベルである

C　完全自動運転はレベル5で実現する

D　2018年時点でレベル4まで実用化されている

問4 次の文章を読み、空欄に当てはまる最も適切な選択肢を選べ。

自動運転の開発と実用について、日本と米国で制約は異なる。日本では、2019年10月以降の自動運転機能付き車両に対し、（ア）という規則が設けられる。一方、米国カリフォルニア州では、2017年10月に公道での自動運転において、（イ）という規制を取り払う改正案が提出された。

A 65秒以上手を離すと、手動運転に切り替える仕組みを搭載する

B 自動運転を行う際は、ドライバーが搭乗しなければならない

C 自動運転車両にハンドルを備えなければいけない

D 公道での無人走行を許可する

問5 ドローンを飛行させられる条件の説明として最も**不適切**な説明文を選べ。

A 空港などの周辺の上空の空域では、安全性を確保し、許可を受けた場合は飛行可能である

B 夜間飛行や目視外飛行は承認が必要である

C 100m以上の高さの空域では、安全性を確保し、許可を受けた場合は飛行可能である

D 人工集中地区の上空では、安全性を確保し、許可を受けた場合は飛行可能である

問6 医療分野でも活用が進んでいる画像認識の説明として最も**不適切**な説明文を選べ。

A がん画像の検出にCNNの仕組みを活用した取り組みが行われている

B 画像認識で物体検出をするアルゴリズムとしてSSDがある

C Word2Vecでの画像認識により早期の胃がん発見が行える

D 医療分野でも取り組みが進んでいる画像認識技術は自動運転などの自動車産業での活用も進められている

問7　各業界・分野とディープラーニングとの関係の説明として最も**不適切**な説明文を選べ。

A　金融分野では、株価の予測や不正取引検知などでディープラーニングの活用の取り組みが進んでいる

B　教育分野では、記述式解答の採点を効率化する試みとして、手書き文字をディープラーニングによって認識する取り組みが進んでいる

C　流通分野では、顧客のビッグデータをディープラーニングすることで消費行動を分析する取り組みが進んでいる

D　政府や自治体では、信頼性の高いサービスを提供する必要があるためディープラーニングの活用は行わない方針を出している

問8　次の文章を読み、空欄に当てはまる最も適切な選択肢を選べ。

ECサイトなどでは、顧客が好みそうな商品を推薦するために、顧客の行動履歴から推薦を行う（ア）フィルタリングや、商品の特徴から推薦を行う（イ）ベースフィルタリングなどの手法の活用事例がある。

A　購買
B　内容
C　協調
D　空間

問9 事業で画像認識を行う際に応用されている技術の説明として最も**不適切**な選択肢を選べ。

A OCR技術を用いることで、文書に書かれている手書き文字などを読み取ることが可能となる

B OpenCV技術を用いることで、ディープラーニングの学習を効率的に行うために画像を整形する前処理を行うことが可能となる

C インスタンス・セグメンテーションを用いることで、自動運転などの際に、車と隣接する人を切り分けて判断することが可能となる

D TensorFlowやKerasなどの画像処理を扱えるライブラリを用いることで、コーディングの必要なしに、実用レベルでの実装が可能となる

問10 2021年現在での自然言語処理技術の産業展開について述べた文として、正しい記述を、以下の選択肢から選べ。

A 文章生成について、過生成や生成不足が問題となり、すべての分野で産業展開は行われず、研究開発レベルの事例にとどまっている

B テキストによって会話を行うチャットボットは、ディープラーニングの産業展開が進んで以降、初めて産業展開されるようになった

C ディープラーニングによって音声認識の精度が向上し、PCやスマートフォンなどに対応した音声認識機能として事業展開されている

D 機械翻訳において、ディープラーニングの応用は進んでいるが、従来の統計手法の方が精度は大幅に上回っている

問11　AIを活用するうえで取得した重要なビッグデータの特徴として最も**不適切**な選択肢を1つ選べ。

A　データが多様である
B　データが整形されている
C　データ量が膨大である
D　データの発生頻度・更新頻度が早い

問12　次の文章を読み、空欄に当てはまる最も適切な選択肢を選べ。

AIプロジェクトにおいて、AIの推論精度は仕様として表すことが難しい。そのため、（　）で確認した精度をベースに判断することが望ましい。

A　PoC
B　人手
C　数式
D　社会実装

問13　次の文章を読み、空欄に当てはまる最も適切な選択肢を選べ。

CRISP-DMはデータ分析を主眼においたプロセスであり、（ア）の理解、データの理解、データの準備、モデリング、（イ）、展開の6つのステップに分割される。

A　推論
B　評価
C　ステークホルダー
D　ビジネス

問 14 次の文章を読み、空欄に当てはまる最も適切な選択肢を選べ。

AIシステムを提供する際、（ア）を活用することで、必要な時に必要なリソースを利用することが容易となる。（イ）を活用することでリアルタイム性が高いサービスを提供可能となります。

- **A** エッジ
- **B** ビッグデータ
- **C** GPU
- **D** クラウド

問 15 MLOpsに関する説明として、最も適切な選択肢を選べ。

- **A** DevOpsを機械学習にも拡張した概念
- **B** MLOpsのOpsはOptionの意味である
- **C** DevOpsにセキュリティの要素を組み込んだ概念
- **D** 機械学習の開発は本番環境と切り離し、安全にテスト環境で実行する概念

問 16 AIプロジェクト推進の説明として、最も**不適切**な説明分を選べ。

- **A** システムのどの部分にAIを利用するのか検討することが望ましい
- **B** 開発の初期段階から様々なステークホルダーが関与することが望ましい
- **C** タスクの効率化を図るために完全分業にすることが望ましい
- **D** 開発の初期段階から、法的・倫理的な検討を行うことが望ましい

問17 IoTを導入するうえで注意すべき点として、最も**不適切**な説明文を1つ選べ。

A デバイスがインターネットに繋がり、サイバー攻撃を受ける可能性があるため、セキュリティ対策を講じる必要がある

B IoTデバイスでは多くのデータを収集する必要があるため、大量のセンサを付ける必要がある

C IoTデバイスで収集したビッグデータをクラウド側で処理する場合、クラウド側に十分なサーバスペックが必要である

D IoTデバイスで取得したデータがプライバシー問題に抵触しないよう、プライバシー情報を隠蔽したうえで、蓄積する必要がある

問18 AI技術の社会実装などに向けて取り組まれているオープン・イノベーションの説明として、最も適切な説明文を選べ。

A 製品開発や技術改革、研究開発や組織改革などにおいて、自社以外の組織や機関などが持つ知識や技術を取り込んで自前主義からの脱却を図ること

B 事業会社が社外のスタートアップに対して行う投資活動のこと

C 株を投資家に売り出して、証券取引所に上場し、誰でも株取引ができるようにすること

D 社会人になった後も、必要なタイミングで教育機関や社会人向け講座に戻り、学び直すこと

問19　AIプロダクトを開発するうえでステークホルダーのニーズを把握することは重要である。ステークホルダーのニーズを満たすために行うアプローチとして、最も**不適切**な説明文を1つ選べ。

    A   現場の利用者のニーズを把握する

    B   ステークホルダーのニーズは多岐にわたるため、各社のニーズを把握する

    C   ステークホルダーに対し、プロダクトの期待値を事前に共有する

    D   最先端のAI技術を取り入れるようにする

問20　ブロックチェーンの説明として、最も**不適切**な説明文を選べ。

    A   取引履歴を暗号技術によって過去から1本の鎖のようにつなげ、正確な取引履歴を維持しようとする技術

    B   取引の記録を「ブロック」と呼ばれる記録の塊に格納する

    C   改ざん耐性に優れたデータ構造を有している

    D   中央集権型の台帳で記録している

問1 正解：B

解説

A　×　インダストリー4.0の説明であるため、不適切な内容です。インダストリー4.0は製造業の高度化を目指す国家プロジェクトであり、ネットワーク技法までは提唱していません。

B　○　エッジコンピューティングの説明であるため、説明として適切な内容です。

C　×　クラウドコンピューティングの説明であるため、不適切な内容です。クラウドコンピューティングでは端末の近くにサーバを分散配置しません。

D　×　DQNの説明であるため不適切な内容です。エッジコンピューティングはネットワークの技法であるため深層強化学習は用いていません。

問2 正解：（ア）D、（イ）A、（ウ）B

解説

（ア）

A　×　深層強化学習では、行動の意味ではなく行動による報酬を最大化するため、選択肢から外れます。

B　×　マージンの最大化を行うのはSVMの説明であるため、選択肢から外れます。

C　×　深層強化学習では、行動のコストではなく、行動による報酬を最大化するため、選択肢から外れます。

D　○　深層強化学習では、行動による報酬を最大化するため、選択肢（ア）に該当します。

（イ）

A　○　マルチモーダルとはセンサやカメラ画像など複数のインタフェースのことであるため、選択肢（イ）に該当します。

B　×　マルチエージェントとは強化学習を行う際、効率よく学習するために利用する複数のエージェントのことであるため選択肢から外れます。

C　×　マルチタスクとは、複数の処理のことです。センサから得られるわけでないため、選択肢から外れます。

D　×　マルチGPUは、学習を速めるために複数のGPUを使用することであるため、選択肢から外れます。

（ウ）

A ×　表現学習とは、画像や自然言語などの要素について予測問題を解くことで、分散表現として抽象化する手法であるため、選択肢から外れます。

B ○　一気通貫学習とは、画像の入力から物体の検出まで一気に行うような動作であるため、選択肢（ウ）に該当します。

C ×　事前学習とは、オートエンコーダを用いてパーセプトロンの重みの初期値を予め推定しておくことであるため、選択肢から外れます。

D ×　マルチGPUとは、学習時間の短縮などのために複数のGPUを使用することであるため、選択肢から外れます。

問3　正解：C

解説

A ×　自動運転システムがすべての運転タスクを実施するのはレベル3以上であるため、不適切な内容です。

B ×　自動ブレーキのようなシステムが前後・左右のいずれかの車両制御を実施するレベルはレベル1であるため、不適切な内容です。

C ○　「SAE J3016」はレベル0～5まで定義しており、レベル5で完全自動運転となるため、適切な内容です。

D ×　2018年時点の実用化は日本でレベル2、海外でレベル3までであるため、不適切な内容です。

問4　正解：（ア）A、（イ）D

解説

A　日本では、2019年10月以降の自動運転機能を備えた車両に対し、65秒以上手を離すと、手動運転に切り替える仕組みを搭載する規制が設けられたため、選択肢（ア）に該当します。

B　「SAE J3016」の定義では、レベル5は完全自動運転となり、ドライバーの介入は不要となる。また、レベル5の規制は未整備のため、選択肢から外れます。

C　「SAE J3016」の定義では、レベル5は完全自動運転となり、ドライバーの介入は不要となるため、ハンドルが不要となる可能性がある。また、レベル5の規制は未整備のため、選択肢から外れます。

D　米国カリフォルニア州では、2017年10月に公道での無人走行を許可する規

制が設けられたため、選択肢（イ）に該当します。

問5 正解：C

解説

A ×　航空法で定められている内容のため、適切な内容です。

B ×　航空法で定められている内容のため、適切な内容です。

C ○　100m以上ではなく、「150mの以上の高さの空域では、安全性を確保し、許可を受けた場合は飛行可能である」と航空法で定められているため、不適切な内容です。

D ×　航空法で定められている内容のため、適切な内容です。

問6 正解：C

解説

A ×　CNNの仕組みを活用した事例は多くあるため、適切な内容です。

B ×　R-CNNを改良したYOLOと同系統のアルゴリズムとしてSSDがあるため、適切な内容です。

C ○　Word2Vecは単語をベクトル表現する技術であり、この技術単体では画像認識はできないため、不適切な内容です。

D ×　画像認識技術は医療分野に留まらず、自動運転などの自動車産業での活用が進んでいるため、適切な内容です。

問7 正解：D

解説

A ×　金融分野でもディープラーニングの活用が進んでいるため、適切な内容です。

B ×　教育分野でもディープラーニングの活用が進んでいるため、適切な内容です。

C ×　流通分野でもディープラーニングの活用が進んでいるため、適切な内容です。

D ○　政府や自治体などの行政でもディープラーニングの活用が進んでいるため、不適切な内容です。

8
ディープラーニングの産業展開

解説

A このようなフィルタリングはないため、選択肢から外れます。

B 商品の特徴から推薦を行う手法として内容ベースフィルタリングがあるため、選択肢（イ）に該当します。

C 顧客の行動履歴や購買履歴から推薦を行う手法として協調フィルタリングがあるため、選択肢（ア）に該当します。

D 画像処理の手法として空間フィルタリングがありますが、推薦のフィルタリングではないため、選択肢から外れます。

問9 正解：D

解説

A × OCR技術を用いることで、文書に書かれている手書き文字などを読み取ることが可能となるため、適切な内容です。

B × OpenCV技術を用いることで、画像を整形する前処理を行うことが可能となるため、適切な内容です。

C × インスタンス・セグメンテーションを用いることで、車と隣接する人を切り分けて判断することが可能となるため、適切な内容です。

D ○ TensorFlowやKerasなどのライブラリを用いても、コーディングが不要になるわけではないため、不適切な内容です。

問10 正解：C

解説

A × 文章生成の技術の精度は年々上がっており、機械翻訳などは産業展開されてきているため、不適切な内容です。

B × チャットボットはルールベースで実装されたサービスも多くあり、ディープラーニングの産業展開とは直接関係なく、産業展開されているサービスも多くあるため、不適切な内容です。

C ○ ディープラーニングの精度向上によって、音声認識の精度が向上し、スマートスピーカーの音声認識機能としても活用されているため、適切な内容です。

D × 従来の統計的機械翻訳以上の精度をディープラーニングを用いた機械翻訳で実現しているため、不適切な内容です。

問11　正解：B

解説

A ×　ビッグデータは、様々な種類のデータから成り立つ傾向にあるため、適切な内容です。

B ○　ビッグデータは、取得した生データから成り立つ傾向にあるため、不適切な内容です、

C ×　ビッグデータは、その名のとおり膨大な量のデータから成り立つ傾向にあるため、適切な内容です。

D ×　ビッグデータは、リアルタイムにデータが発生・更新される傾向にあるため、適切な内容です。

問12　正解：A

解説

A ○　PoCはProof of Concept（コンセプト検証）のことであり、AIの推論精度などを確認するための実証となります。そのため、選択肢に該当します。

B ×　AIの推論精度は人手で確認することは難しく、PoCなどにより検証することが望ましいため、不適切な内容です。

C ×　AIの推論精度は数式で一定導ける可能性はあるが、学習データなどにより精度が変わってくるため、PoCなどにより検証することがより望ましい。そのため、不適切な内容です。

D ×　社会実装を行う前に、精度を確認する必要があるため、不適切な内容です。

問13　正解：（ア）D、（イ）B

解説

A　データ分析において「推論」は重要なタスクであるが、CRISP-DMではモデリング・評価として表されているため、不適切な内容です。

B　「評価」はCRISP-DMの6つのプロセスの1つであるため、選択肢（イ）に該当します。

C　データ分析においてステークホルダーの理解は重要なタスクであるが、CRISP-DMではビジネスの理解として表されているため、不適切な内容です。

D 「ビジネスの理解」はCRISP-DMの6つのプロセスの1つであるため、選択肢（ア）に該当します。

問14 正解：（ア）D、（イ）A

解説

A エッジは利用現場にリソースを配備することであるため、リアルタイム性高くサービスを提供可能となります。そのため、選択肢（イ）に該当します。

B ビッグデータは巨大なデータであり、AIを利活用するうえで重要となりますが、選択肢としては不適切な内容です。

C GPUはAIを利活用するうえ、重要なリソースの1つとなりますが、選択肢としては不適切な内容です。

D クラウドの特徴の1つとして、必要なときに必要なリソースを利用することが容易である点があります。そのため、選択肢（ア）に該当します。

問15 正解：A

解説

A ○ DevOpsを機械学習にも拡張した概念であるため、選択肢に該当します。

B × OpsはOperationsの意味であるため、不適切な内容です。

C × DevOpsにセキュリティの要素を組み込んだ概念はDevSecOpsであるため、不適切な内容です。

D × MLOpsはAIを本番環境で運用しながら開発するまでの概念であるため、不適切な内容です。

問16 正解：C

解説

A × AIプロジェクトとはいえ、システムすべてにAIを利用するわけではなく、部分的に利用することが多く、そのためどの部分に適用するのか検討することが望ましいため、選択肢から外れます。

B × AIプロジェクトは開発の初期段階から法的・倫理的な課題を検討する必要
があるため、経営企画・法務などのステークホルダーが関与することが望ま
しいです。そのため、選択肢から外れます。

C ○ AIプロジェクトの開発はステークホルダーと密にタスクへ取り組む必要が
あるため、チームとして取り組むことが望ましいです。そのため、不適切な
内容となります。

D × Bの開設のとおりであるため、選択肢から外れます。

問17 正解：B

解説

A × 正しい説明となるため、選択肢から外れます。

B ○ 大量のセンサを付ける場合もあるが、現実的には必要に応じた数のセンサを
付けるべきであるため、必ずしも大量のセンサが必要なわけではありません。
そのため、不適切な内容となります。

C × 正しい説明となるため、選択肢から外れます。

D × 正しい説明となるため、選択肢から外れます。

問18 正解：A

解説

A ○ オープン・イノベーションの説明のため、適切な選択肢です。

B × CVC（コーポレート・ベンチャーキャピタル）の説明のため、不適切な内容
となります。

C × IPO（新規上場株）の説明のため、不適切な内容となります。

D × リカレント教育の説明のため、不適切な内容となります。

解説

A × 正しい説明のため、選択肢から外れます。

B × 正しい説明のため、選択肢から外れます。

C × 正しい説明のため、選択肢から外れます。

D ○ 最先端の技術ありきでプロダクトを設計するのではなく、現場の利用者や、ステークホルダーのニーズを把握することが重要であるため、不適切な内容となります。

問20　正解：D

解説

A × ブロックチェーンの説明として正しいため、適切な内容です。

B × ブロックチェーンの説明として正しいため、適切な内容です。

C × ブロックチェーンの説明として正しいため、適切な内容です。

D ○ ブロックチェーンは分散型台帳によって記録されるため、不適切な内容となります。

第9章

ディープラーニングの
制度政策などの動向

日本のAI原則・ガイドラインの全体像

海外のAIの開発基準に関する検討の活発化を踏まえ、日本では2019年に「人間中心のAI社会原則」が公表されました。この全体像について理解をしましょう。

Navigation

要点をつかめ！

ADVICE!

学習アドバイス

人間中心のAI社会原則の4つの構成要素の概要を理解しましょう。

キーワードマップ

●人間中心のAI社会原則
- 基本理念
- ビジョン
- AI社会原則
- AI開発利用原則

出題者の目線

●政府が、AIの社会実装を推進するために、「人間中心のAI社会原則」として基本原則を定めていることを覚えましょう。

詳しく見てみよう

1 「人間中心のAI社会原則」の全体像

　「**人間中心のAI社会原則**」は、AIの適切で積極的な社会実装を推進するために、各ステークホルダーが留意すべき基本原則を政府が定めたものです。同原則の策定にあたっては、まずは上位の「基本理念」と「ビジョン」が整理され、それを実現するための原則として、社会（特に国などの立法・行政機関）が留意すべき**AI社会原則**と、それを踏まえて開発・事業者側が留意すべき**AI開発利用原則**に体系化されました。

▼図9.1　AI原則・ガイドラインの構造

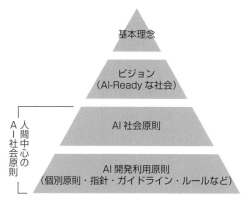

出典：「AI白書2022」図表4-2をもとに加工・作成

　人間中心のAI社会原則の考え方を踏まえ、社会（特に国などの立法・行政期間）が留意すべき基本原則として**AI社会原則**が示されています。

　この原則は①人間中心の原則、②教育・リテラシーの原則、③プライバシー確保の原則、④セキュリティ確保の原則、⑤公正競争確保の原則、⑥公平性、説明責任および透明性の原則、⑦イノベーションの原則から成り立っています。

　開発・事業者側を対象とした**AI開発利用原則**の関係府省の指針・原則・ガイドラインなどを以下に俯瞰します。

▼図9.2　関係府省庁のAI関連の指針・原則・ガイドラインなどの俯瞰図

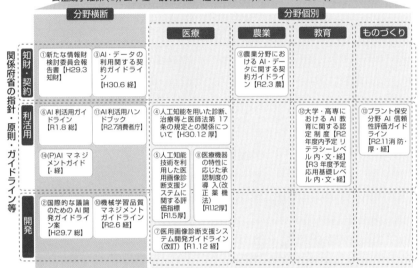

出典：内閣府「人間中心のAI社会原則会議」（令和2年度 第1図）をもとに加工

　このうち、知財のガイドラインとなる「新たな情報財検討委員会報告書」は
Theme2、契約のガイドラインである「AI・データの利用に関する契約ガイドライン」
はTheme3で説明します。

知的財産

AIに関する知的財産権の扱いについて、2017年に「新たな情報材検討委員会報告書」として公表されました。AIの知的財産がどのように扱われているかを理解していきましょう。

Navigation

要点をつかめ！

ADVICE!

学習アドバイス

学習用データ、AIプログラム、学習済みモデル、AI生成物のそれぞれの知的財産の取り扱いの違いを理解することが重要です。

キーワードマップ

- ●知的財産
  - 学習用データ
    - 著作権法30条の4第2号
    - 不正競争防止法
    - 営業秘密情報
    - 限定データ
    - 個人情報保護
    - オープンデータセット
  - AIプログラム
    - OSS
  - 学習済みモデル
    - 複製
    - 派生モデル
    - 蒸留モデル
  - AI生成物

出題者の目線

●学習データ、学習済みモデル、AI生成物についての知的財産権の扱いについて過去出題されています。

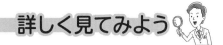

1 国内の知的財産関連動向

　AI創作物、3Dデータ、創作性を認めにくいデータベースなどの新しい情報財についての利活用促進の知財システムの在り方について「新たな情報財検討委員会」にて議論され、政府より2017年に**新たな情報財検討委員会報告書**が公表されました。

　この報告書の中で「AIの作成・利活用推進のための知的財産権の在り方」として「学習用データ」「AIのプログラム」「学習済みモデル」「AI生成物」が議論の対象となっています。

得点アップ講義

\\POINT UP!/

著作権法に関する規定は環境の変化に合わせて、更新され続けています。最新の法律やガイドラインを理解しておいてください。

2 学習用データ

　通常、画像、論文など他社の著作物にあたるデータを利用したい場合は、著作権者から許諾を得ることが原則となります。しかし、2018年の**著作権法30条の4第2号**の改正により、「情報解析の用に供する場合」（AIのために使用する場合）には、学習データを利用することは、著作権法上、**営利・非営利を問わず適用**となりました。これは、世界的に見ても先進的といわれています。

　例えば、画像認識AIを開発するためであれば、インターネット上の写真を利用するために著作権者に許諾を得る必要はなく、著作権者に無断で複製や翻訳が適法となっています。また、自分が作った学習用データを第三者と共有したり、販売したりすることも、一定の条件下で適法です。ただし、**著作権者の利益を不当に害する**場合はその限りではないとする但し書きがあるため注意が必要です。

　著作権の制約で問題とならなくとも、以下のとおり、別の制約で問題となる可能性もあり注意が必要です。

●不正競争防止法

- **営業秘密情報**（不正競争防止法2条6項）

  営業秘密として定義されている秘密管理性、有用性、非公知性の要件を満たしたデータです。

- **限定提供データ**（不正競争防止法2条7項）

  限定提供データとは、業として特定の者に提供する情報として電磁的方法により相当量蓄積され、および管理されている技術上または営業上の情報です。限定提供データは限定提供性、相当蓄積性、電磁的管理性の3つを満たしたデータです。例えば、車両走行データ、消費者動向データが限定提供データとなります。

  ID・パスワードなどにより管理しつつ、相手方を限定して提供するデータを不正取得するなどの行為を新たに不正競争行為に位置づけており、これに対する差止請求権などの民事上の救済措置を設けています。

●個人情報保護など

- 購買履歴、健康情報、位置情報等のパーソナルデータ

●個別の契約

- ライセンス契約で利用条件が指定されているデータ

●そのほかの理由

- 「通信の秘密」にあたるEメールの内容

また、学習データとして、オープンデータセットを使用することがあります。**オープンデータセット**とは、企業や研究者が公開している学習データセットです。本来、高いコストと手間をかけて集める学習データが無料で大量に使用することができます。しかしながら、商用利用ができない場合もあるため、**利用の際はライセンスに注意**を払う必要があります。

▼主なオープンデータセット

データ種類	データセット名
画像	ImageNet
	PascalVOC
	MS COCO
自然言語	WordNet
	SQuAD
	DBPedia
音声	LibriSpeech

AIのプログラムは、現行知財制度上、著作権法の要件（創作性など）を満たせば、「プログラムの著作物」として保護されます。また、特許法の要件（進歩性など）を満たせば、「物（プログラムなど）の発明」として保護されます。

現状、AIのプログラムは、**オープン・ソース・ソフトウェア（OSS）**として公開されている場合が多く、そのようなプログラムはライセンス条件に従えば自由に利活用できる状況にあります。

▼ ディープラーニング開発をする上で利用される主なPythonライブラリ

主な領域	ライブラリ名	概要	リリース年
深層学習	PyTorch	Facebookが開発した深層学習ライブラリ。NumPyと類似した操作方法で利用できるなどの理由で後発でありながら、利用者が多い	2016年
	Keras	Googleが開発した深層学習用のラッパー。TensorFlowなどのライブラリ上で実行可能なニューラルネットワークライブラリ	2015年
	TensorFlow	Googleが開発した深層学習ライブラリ	2015年
	Caffe	カリフォルニア大学バークレー校のBerkeley Vision and Learning Center (BVLC) で開発された深層学習のフレームワーク。2017年にはFacebookがCaffe2を発表している	2013年
機械学習	scikit-learn	SVMや回帰分析などの機械学習のアルゴリズムを備えるライブラリ	2007年
数値解析	pandas	解析を支援する機能を提供するライブラリ	2011年
	Matplotlib	グラフ描画ライブラリ	2003年
	SciPy	データ解析ライブラリ。NumPyで行える演算処理に加え、信号処理や統計処理も行える	2001年
	NumPy	数値解析ライブラリ。高水準の数学ライブラリを提供	1995年

4 学習済みモデル

　学習済みモデルを現行の知財制度で保護しようとする場合、特許権、著作権、営業秘密（不正競争防止法）の3つの観点で議論されることが多くあります。

　学習済みモデルは「プログラムとパラメータの組み合せ」とみなせるため、現行の知財制度上、著作権法の要件を満たせば、プログラムの著作物として保護される可能性があります。

　しかし、学習済みモデルに対し、学習済みモデルのネットワーク構造と重みをコピーした**複製**、新たなデータを学習させた**派生モデル**、モデルのネットワークの構造と重みがブラックボックス化された**蒸留モデル**については、元のモデルとの関連性を立証することが困難であることから、知的財産保護上の課題となっています。

▼ 図9.3　学習済みモデルの関連と課題

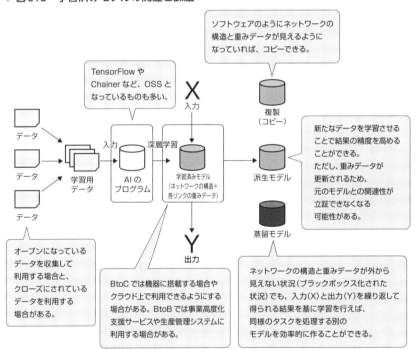

出典：「新たな情報財検討委員会報告書の概要」を基に加工

5 AI生成物

　「新たな情報財検討委員会報告書」では、ディープラーニングをはじめとしたAIに関する生成物に関して、「AIを用いたサービスに関する保護の可能性」「AIを活用した創作（著作物）に関する保護の可能性」「AI成果物が問題となる（悪用される）可能性」について検討が行われています。

　「AIを活用した創作（著作物）に関する保護の可能性」では、ディープラーニングを利用したAI成果物の著作物性および著作者に関する検討が行われています。具体的には、学習済みモデルの利用者に創作意図があり、かつ創作的寄与がある場合は、著作物性が認められ、利用者が著作者になります。一方、創作的寄与が認められないような簡単な指示に留まる場合は、AI創作物とされ、著作物と認められません。ただし、創作的寄与の定義が曖昧な状況であり検討中となっています。

Theme

3

重要度：☆☆☆

AI・データに関する契約

経済産業省が「AI・データの利用に関する契約ガイドライン」を策定しています。AIに関係する契約について理解していきましょう。

Navigation

要点をつかめ！

ADVICE!

学習アドバイス

「AI・データの利用に関する契約ガイドライン」で推奨する「探索的段階型」開発方式の各段階の名称、目的、成果物について理解することが重要です。

キーワードマップ

● AI・データに関する契約
　├─ AI・データの利用に関する契約ガイドライン
　└─ 探索型段階型

出題者の目線

● 「AI・データの利用に関する契約ガイドライン」の「探索的段階型」開発方式の順序、締結する契約の種類についての問題が過去に出題されています。

1 AI・データの利用に関する契約ガイドライン

　データやAIを用いた開発については、実務の蓄積が乏しい、当事者間・理解の ギャップがあるという契約を巡る課題がありました。これにより、当事者間／関係 者間での共通の土台がないことによる多大な契約コストが発生するおそれや、デー タの保護や利益配分等に関して適切な内容が盛り込まれないまま契約が締結される おそれがありました。

　この課題に対応すべく、経済産業省は2018年に「**AI・データの利用に関する契約 ガイドライン**」を策定し、2019年に改訂版（ver1.1）を公表しました。

　このガイドラインでは、下記のAI技術の特性を踏まえ、試行錯誤を繰り返しなが ら納得できるモデルを生成するというアプローチに対応した**探索的段階型**の開発方 式が提案されています。

▼ 図9.4「探索的段階型」の開発方式

	①アセスメント	②PoC	③開発	④追加学習
目的	一定量のデータを用いて学習済みモデルの生成可能性を検証する	学習用データセットを用いてユーザが希望する精度の学習済みモデルが生成できるかを検証する	学習済みモデルを生成する	ベンダが納品した学習済みモデルについて、追加の学習用データセットを使って学習をする
想定される成果物	レポート等	・レポート ・学習済みモデル（パイロット版）等	学習済みモデル等	再利用モデル等
締結する契約	秘密保持契約書等	導入検証契約書等	ソフトウェア開発契約書	場合による

出典：経済産業省「AI・データの利用に関する契約ガイドラインの概要」をもとに作成

　ガイドラインには、段階ごとに、論点や様々なオプションを提示しています。さ らにモデル契約書案を収載しています。

Theme 4

その他AI・データの利用に関する概念・ガイドラインなど

重要度：★★☆

AI・データの利用に関する主要な概念、ガイドラインについて理解していきましょう。

Navigation

要点をつかめ！

ADVICE!

学習アドバイス

各キーワードは、G検定シラバス（2021年）に記載があり、キーワードの内容の理解が重要です。

キーワードマップ

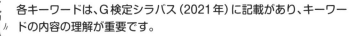

- その他概念・ガイドラインなど
  - プライバシーの配慮
    - カメラ画像利活用ガイドブック
    - 匿名加工情報
    - プライバシーバイデザイン
    - 透明性レポート
    - GDPR
  - 公平性・説明責任・透明性
    - FAT
    - 説明可能AI（XAI）
  - 倫理的・法的・社会的問題
    - ELSI
    - AIの安全保障・軍事技術

出題者の目線

- 上記のキーワードはすべて過去に出題されています。個々の詳細ではなく、どのような内容か概要の理解を中心に学習しましょう。

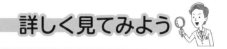

詳しく見てみよう

1 プライバシーの配慮

(1) カメラ画像利活用ガイドブック

経済産業省・総務省は、利活用ニーズの高いカメラ画像を安全安心に利活用するために、事業者が配慮すべき事項等を検討し「**カメラ画像利活用ガイドブックver1.0**」を策定しました。国内外の動向を踏まえ、改正個人情報保護法との関係から対応すべき点や、プライバシー保護について注意喚起すべき点などを追加検討し、ver3.0として2022年3月に公表しました。

本ガイドブックは、法令遵守を前提としつつ、プライバシー保護の観点から、適法性だけでなく生活者と事業者間での相互理解や信頼関係を構築するために、事業者の自主的な取組を促すための参考とするものです。

●プライバシーへの配慮

事業者が、カメラ画像など、生活者の情報を取り扱う場合には、個人情報保護法を遵守するだけでなく、生活者のプライバシーや肖像権といった人格的な権利・利益を損なうことのないよう、十分な配慮をすることが求められます。

以下の図は「生活者のプライバシーへの配慮事項」の全体像です。

▼図9.5 プライバシーへの配慮事項の全体像

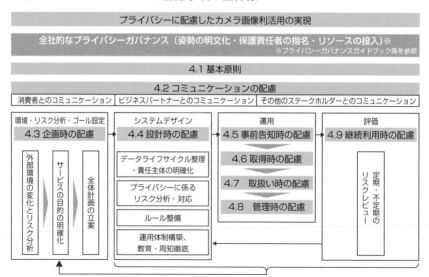

出典：IoT推進コンソーシアム「カメラ画像利用ガイドブック」（令和4年3月）図表をもとに作成

●カメラ画像の利活用について配慮すべき事項

ガイドラインでは、カメラ画像を利活用する事業の検討・実施、カメラに写り込みえる生活者とのコミュニケーションなどにおいて、生活者と事業者間での相互理解を構築するために配慮すべき事項を、6つの適用ケースを踏まえて整理しています。

【ガイドブックの適用ケース】
①店舗設置カメラ（属性の推定）
②店舗設置カメラ（人物の行動履歴の生成）
③店舗設置カメラ（リピート分析）
④屋外に向けたカメラ（人物形状の計測）
⑤屋外に向けたカメラ（写り込みが発生し得る風景画像の取得）
⑥駅構内設置カメラ（人物の滞留状況把握）

(2) 匿名加工情報

匿名加工情報とは、特定の個人を識別することができないように個人情報を加工し、当該個人情報を復元できないようにした情報のことをいいます。匿名加工情報は、2017年の改正個人情報保護法で導入されました。

改正前の個人情報保護法では、個人情報を自由に使ってはならないという制約があったため、本人への同意が必要でした。これがデータ活用のハードルとなっていました。改正により、個人情報を匿名加工情報に加工することにより、本人の同意を得ることなく、自社の事業への活用や外部提供が可能となりました。

(3) プライバシーバイデザイン

プライバシーバイデザインとは、新規サービスの導入にあたって、プライバシー問題が発生するケースに対して、都度対処療法的に対応を考えるのではなく、サービスの企画・設計段階からプライバシーを保護する仕組みをビジネスモデルや技術、組織の構築の最初の段階で組み込むべきであるという考え方です。

(4) 透明性レポート

透明性レポートは、企業の提供するサービスで、利用者のデータがどのように収集され、どのように活用されているのかを示した文章です。特に、企業がどの程度政府等への情報を提供しているのかが示されているものを指します。

海外ではAmazon、Google、Apple、日本ではYahoo!などテクノロジー企業を中心に公表しています。

9

ディープラーニングの制度政策などの動向

(5) GDPR (General Data Protection Regulation)

　EUでは、EU域内の個人データ保護を規定する法として、1995年から現在に至るまで適用されている「EUデータ保護指令 (Data Protection Directive 95)」に代わり、2016年4月に制定された「**GDPR** (General Data Protection Regulation：一般データ保護規則)」が2018年5月25日に施行されました。

　GDPRは個人データやプライバシーの保護に関して、EUデータ保護指令より厳格に規定します。

　GDPRは市民と居住者が自分の個人データをコントロールする権利を取り戻すことおよびEU域内の規則を統合することで、国際的なビジネスのための規制環境を簡潔にすることを目的としています。パーソナルデータ (個人情報) やプライバシーの保護に関して厳格に規定され、GDPRはEU域外の事業者へも適用されます (次表参照)。

▼ GDPRの "Personaldata" 日本の改正法の「個人情報」との比較

GDPR (第4条)	改正法 (改正法第2条第1～2項、改正法施行令1条)
・氏名	・氏名、生年月日
・識別番号 (GPS、IPアドレス、クッキーなどのオンライン識別子)	・生体データに関する個人識別符号 (DNA、顔、虹彩、声紋、歩容、指紋、静脈など政令で定められたもの)
・そのほか　身体的、生理学的、遺伝子的、精神的、経済的、文化的、社会的固有性に関する要因	・公的機関が生成する個人識別符号 (マイナンバー、旅券番号、年金番号、運転免許証番号などが政令で定められたもの)

2 公平性・説明責任・透明性

(1) 公平性、説明責任及び透明性(FAT)

「人間中心のAI社会原則」の基本原則の1つに「公平性、説明責任および透明性の原則」があり、以下のとおり定義されています。

> 「AI-Readyな社会」においては、AIの利用によって、人々が、その人の持つ背景によって不当な差別を受けたり、人間の尊厳に照らして不当な扱いを受けたりすることがないように、公平性及び透明性のある意思決定とその結果に対する説明責任（アカウンタビリティ）が適切に確保されると共に、技術に対する信頼性（Trust）が担保される必要がある。

基本原則の「公平性、説明責任及び透明性」は、英語では「**FAT** (Fairness、Accountability、Transparency)」と記載され、AIの社会実装にあたって、留意すべき3つの項目として参照されることが多いです。

(2) 説明可能AI(XAI)

説明可能AI（**XAI**：ExplainableAI）とは、AIの判断根拠を、人間が理解できるようにする手法です。

AIは、人間が判断根拠を定義するわけでなく、AIがデータから判断根拠を獲得するため、AIの判断根拠がわかりにくいという課題があります。この課題は「ブラックボックス問題」と呼ばれます。

例えば、自動運転など人の命にかかわるサービスにAIを活用する場合に、その判断根拠がわからないとAIを信用してよいのかわかりません。また、AIが間違った判断をしたときに、その判断根拠がわからないと改善できません。

このブラックボックス問題を解決するために説明可能AIの開発が進んでいます。

米国の国立標準技術研究所(NIST)は2020年に「説明可能な人工知能の4つの原則」を発表しました。同文書では、説明可能なAIが満たすべき要件として以下の図に示す4つの原則を提案しています。

9

ディープラーニングの制度政策などの動向

説明性 (Explanation)	システムは、すべての出力に対して、付随する証拠や理由を提供すべき
有意味性 (Meaningful)	個々のユーザーが理解できるような説明をすべき
説明の正確性 (Explanation Accuracy)	説明は、生成するためのシステムのプロセスを正しく反映すべき
知識の限界 (Knowledge Limits)	システムは設計された条件でのみ動作すること、その出力に対して十分な信頼性に達したときにのみ動作すべき

出展：「AI白書2022」図表4-5-2をもとに作成

　説明可能AIの手法としてGrad CAMを紹介します。

　犬と猫を判別する画像分類にGrad-CAMを適用した場合に、AIが犬、猫の判別で重要視した特徴がヒートマップで可視化されます。犬については、犬の顔、猫については、猫の胴体が重要視されたことがわかります。

　Grad CAMの拡張手法であるGuided Grad-CAMで詳細を確認すると、犬については、犬の顔の特徴として耳・目・頬を見ていることがわかります。猫については、猫の胴体の特徴として、胴体の縞模様を見ていることがわかります。

▼ Grad-CAMとGuided Grad-CAM

元画像	判定結果	Grad-CAM	Guided Grad-CAM
(a) Original Image	犬	(i) Grad-CAM 'Dog'	(j)Guided Grad-CAM 'Dog'
	猫	(c) Grad-CAM 'Cat'	(d)Guided Grad-CAM 'Cat'

出典：Grad-CAM:VisualExplanationsfromDeepNetworksviaGradient-basedLocalization

3　倫理的・法的・社会的問題

(1)倫理的・法的・社会的問題 (ELSI)

　新規に開発された技術が、社会で広く使われるようになるまでには様々な課題を解決する必要があります。技術的な課題以外にも法律や倫理、あるいはその技術が社会に受け入れられるかなども検討しなくてはなりません。そうした「倫理的・法的・社会的な課題」をまとめて**ELSI** (エルシー：Ethical,Legal and Social Issues) と呼びます。

　AIの場合の例だと、自動運転で事故が発生した場合に、その責任の所在を、乗車していた運転手、自動車を開発した自動車会社、自動運転を開発したエンジニアか整理する必要があります。

(2)AIと安全保障・軍事技術

　各国では、安全保障の観点からAIの軍事活用のための研究開発が加速しています。AIは、軍事作戦における人間の意思決定の補助、情報処理能力向上、サイバー分野での利用等様々な活用が想定されています。

　AIを活用した軍事技術として、人間の関与なしに自律的に攻撃目標を設定することができ、致死性を有する**自律型致死兵器システム** (**LAWS**:LethalAutonomousWeaponsSystems) があります。

　2019年11月に、CCW締結国は、LAWSに関する11の指針について一致しましたが、各国の立場に隔たりがあり、法的拘束などの決定には至らず議論が継続されています。

問題を解いてみよう

問1 ディープラーニングにより作成されたデータに関する著作物としての日本での扱いについて最も適切な説明文を選べ。

A ディープラーニングのための学習データに著作物が含まれている場合、無断で利用するといかなる理由でも著作権法違反となる。

B Googleのソフトウェアライブラリである TensorFlow はオープンソースであるため、使用するには一定のライセンス費を支払わなければならない。

C 著名人の顔を学習した学習済みモデルを蒸留モデルとしてブラックボックス化させることで、利用の際、著作権法上問題とならない。

D 学習済みモデルの利用者に創作意図があり、かつ創作的寄与がある場合、著作物性が認められ、利用者が著作者になる。

問2 2019年施行の「改正著作権法」のもとで正しい選択肢を1つ選べ。

A インターネット上に公開されている画像データを、自ら利用し解析することも、解析終了後のデータセットを情報解析する第三者へ提供することも違法となる。

B 第三者の著作物を含んだデータセットを作成することは、非営利の場合のみ適法となる。

C 海外でも同様の規定があるため、海外の著作物を複製して営利目的で利用することは適法である。

D 第三者が作成したデータの加工について、コンピュータによる情報解析を目的とする場合も、コンピュータ以外による情報解析を目的としている場合も適法となる。

問3 学習済みモデルの権利保護について最も適切なものを選べ。

A 学習済みモデルのパラメータやネットワークなどの内部の構造を外部から見えなくすることで、学習済みモデルから蒸留モデルを作成されることを防げる。

B 不正競争防止法上の秘密管理性・有用性・非公知性の要件を満たしている場合、営業秘密としての保護を受けられる。

C 営業秘密として保護を受ける要件を満たしていない学習済みモデルは、データの保護対象とならない。

D 学習済みモデルは技術的制限手段による保護対象とはなりえない。

問4 経済産業省が2018年に策定した「AI・データの利用に関する契約ガイドライン」で提唱している「探索的段階型」開発方式に関する説明として、最も不適切な選択肢を1つ選べ。

A 「探索的段階型」開発方式は、①アセスメント、②PoC、③開発、④追加学習の4段階である

B 「②PoC」では、本番利用のための学習済みモデルの生成が目的である

C 「②PoC」では、学習済みモデルの生成が試行錯誤を不可避的に伴うことから、1回で完結せず、複数回実施されることも少なくない

D 「①アセスメント」は、一定量のデータを用いて学習済みモデルの生成可能性を検証することが目的である

問5 人工知能の活用に向けた日本の法律やガイドラインの説明として、最も適切な選択肢を1つ選べ。

A 経済産業省・総務省は、利活用ニーズの高いカメラ画像を安全安心に利活用するために、事業者が配慮すべき事項等を討し「カメラ画像利活用ガイドブック」としてまとめ発表した

B 2017年の改正個人情報保護法では、個人情報保護を目的に、個人情報保護のルールを強化した

C プライバシーバイデザインとは、プライバシー問題が発生した際の対応についての考え方である

D 透明性レポートとは、企業の財務諸表の公開についてのレポートである

問6 匿名加工情報の説明として、最も適切な選択肢を1つ選べ。

A 匿名加工情報は、個人情報保護の強化を目的に導入された

B 個人情報を匿名加工情報にしても、常に本人への同意は必要である

C 匿名加工情報は自社の事業への活用だけでなく外部提供も可能である

D 匿名加工情報は、個人情報の加工をするが、当該個人情報の復元は可能である

問7 2018年に施行された「一般データ保護規則（GDPR）」の説明として、最も適切な選択肢を1つ選べ。

A GDPRは個人情報保護を目的に欧州連合（EU）が策定した規定であり、適用範囲はEU域内のデータに限る

B GDPRで規定しているパーソナルデータには位置情報やIPアドレスなどのオンラインの識別子も含まれる

C 総務省ではGDPRや情報銀行の仕組を活用する社会実装に向けた取り組みを行っている

D GDPRは第三の革命になるとして、政府に対し警鐘を鳴らす意見もある

問8 次の文章を読み、空欄に当てはまる最も適切な選択肢を選べ。

近年、機械学習関連の国際会議でFATに関する研究領域が重要視されている。"F"は (ア) を意味し、"A"は (イ) を意味し、"T"は (ウ) を意味する。

(ア) に入る言葉は以下のどれか。

A Factory   **C** Feasibility
B FineTuning   **D** Fairness。

(イ) に入る言葉は以下のどれか。

A Accessibility   **C** Annotation
B Accountability   **D** Artificial Intelligence

(ウ) に入る言葉は以下のどれか。

A Transparency   **C** Transformer
B Traceability   **D** Transformation

問9 説明可能AIについての説明として、最も不適切な選択肢を1つ選べ。

A 説明可能AIは、XAIとも呼ばれる

B 説明可能AIは、AIの判断根拠を、人間が理解できるようにする手法である

C 説明可能AIは、AIの「ホワイトボックス問題」に対しての解決策である

D 説明可能AIは、AIの判定結果についての人間の信頼性を向上させるための対応である

問10 ELSIについての説明として、最も不適切な選択肢を1つ選べ。

A ELSIは、新規に開発された技術を社会で広く使われるようにするための、技術的な課題解決を示す

B ”E”は”Ethical”（倫理的）を意味する

C ”L”は”Legal”（法的）を意味する

D ”S”は”Social”（社会的）を意味する

問11 AIの軍事利用についての説明として、最も不適切な選択肢を1つ選べ。

A 複数の国で自律型致死兵器システム（LAWS）の開発が開始されている

B 特定通常兵器使用禁止制限条約（CCW）締結国では、自律型致死兵器システム（LAWS）の開発停止について合意した

C 特定通常兵器使用禁止制限条約（CCW）締結国は、LAWSに関する11の指針について一致した

D Googleは「AIを兵器のために開発することはしない」という声明を出した

問12 Partnership on AIについての説明として、最も不適切な選択肢を1つ選べ。

A Partnership on AI は 2016 年 9 月 に、Amazon、Google、DeepMind、Facebook、IBM、Microsoftのメンバーでスタートした

B Partnership on AIは、AIの理解促進を図ることを目的とした非営利団体である

C Partnership on AIは米国企業のみで構成されている

D Partnership on AIは、AI領域におけるベストプラクティスを策定するための活動をしている

答え合わせ

問 1 正解：D

解説

A ×　著作権法で、コンピュータなどを用いた情報解析のために行われる複製など
を許容する権利制限規定を設けているため、いかなる理由でも著作権違反と
なるわけではありません。

B ×　TensorFlowはオープンソースであるため、無償で提供されています。

C ×　蒸留モデルが著作権法上問題とならないとは、法律で明文化されていません。

D ○　適切な説明です。利用者に創作意図があり、かつ創作的寄与がある場合、利
用者の著作物となります。

問 2 正解：D

解説

A ×　改正後の第30条の4では、自ら解析を行う場合のみならず、情報解析を行
う第三者のためにデータセットを作成することや、解析終了後のデータセッ
トを情報解析する第三者へ提供することも可能です。

B ×　非営利目的に限定されていません。

C ×　「改正著作権法」は日本独自の規定です。例えばEUにはGDPRの規定があり、
EU以外への個人情報の輸出も対象となるため、該当する場合、著作物を利
用できない可能性があります。

D ○　適切な説明です。改正後の第30条の4では、コンピュータ以外による情報
解析を目的として利用する場合も必要と認められる限度で著作物は利用可能
となります。

問 3 正解：B

解説

A × 蒸留モデルは学習済みモデルの入力データと出力データを用いて構築するため、学習済みモデルの内部構造を隠蔽しても蒸留モデルを構築できます。

B ○ 適切な説明です。要件を満たしている場合、営業秘密としての保護を受けられます。

C × 営業秘密として保護を受ける要件を満たしていなくとも、限定提供データの定義に該当するデータの場合保護対象となります。

D × 学習済みモデルであっても、技術的制限手段によって暗号化などされているデータは保護対象となります。

問 4 正解：B

解説

A × 適切な説明です。「探索的段階型」開発方式は 4 段階です。

B ○ 不適切な説明です。「②PoC」の目的は、学習用データセットを用いてユーザが希望する精度の学習済みモデルが生成できるかを検証することです。本番利用のための学習済みモデルの生成は、「③開発」の目的です。

C × 適切な説明です。PoC では、ユーザが希望する精度の学習済みモデルが生成できるかを検証しますが、ユーザーの提供する学習データ、ベンダの選定したアルゴリズム、それ以外の様々な要因で精度を達成することができず、追加で再度 PoC を行うことがあります。

D × 適切な説明です。一般的に、ユーザ側でそれほど労力をかけずに提供できるデータを使用し、ユーザーが希望する学習済みモデルの生成可能性を事前検証します。

問 5 正解：A

解説

A 適切な説明です。

B 不適切な説明です。2017 年の改正個人情報保護法では、事業者が、個人情報を保護しつつ、データ活用を推進できるように、匿名加工情報を導入しました。

C 不適切な説明です。プライバシーバイデザインとは、個人情報漏洩が起きた後ではなく、サービスの企画・設計段階から、プライバシーを保護する仕組みを組み込むためのガイドラインです。

D 不適切な説明です。透明性レポートは、企業の財務諸表についてではなく、企業のサービスの利用者のデータがどのように収集され、どのように活用されているのかを示したものです。

問6 正解：C

解説

A 不適切な説明です。匿名加工情報は、個人情報保護した上で、データ活用を促進する目的のもと導入されました。

B 不適切な説明です。個人情報を匿名加工情報にした場合、基本的には、本人への同意は不要です。

C 適切な説明です。

D 不適切な説明です。匿名加工情報は、データの個人情報を加工し、当該個人情報の復元をできないようにした情報です。

問7 正解：B

解説

A × 不適切な説明です。GDPRは域内の個人データを保護する規定ですが、EU域外へも適用されるため、不適切な内容です。

B ○ 適切な説明です。GDPRで規定しているパーソナルデータには位置情報やIPアドレスなどのオンラインの識別子も含まれます。

C × 不適切な説明です。GDPRはEUの取り組みであり、総務省ではありません。GDPRでは情報銀行について規定していません。

D × 不適切な説明です。LAWSについての説明です。

問8 正解：(ア) D、(イ) B、(ウ) A

解説

(ア) FATの"F"はFairness（公平性）を意味します。そのためDが正解です。

(イ) FATの"A"はAccountability（説明責任）を意味します。そのためB が正解です。

(ウ) FATの"T"はTransparency（透明性）を意味します。そのためAが 正解です。

問9 正解：C

解説

A 適切な説明です。XAIは、ExplainableAIの略語です。

B 適切な説明です。AIが重視した特徴を可視化するGrad CAMなどがあります。

C 不適切な説明です。説明可能AIは、AIの判断根拠がわかりにくいという課 題である「ブラックボックス問題」の解決を目的とした手法や対応です。

D 適切な説明です。

問10 正解：A

解説

A 不適切な説明です。ELSIは、新規に開発された技術を社会で広く使われる ようにするための、技術的な課題以外にも検討すべき「倫理的・法的・社会 的な課題」を示します。

B 適切な説明です。ELSIはEthical, Legal and Social Issuesの略語です。

C 適切な説明です。

D 適切な説明です。

問11 正解：B

解説

A 適切な説明です。複数の国では軍事的優位性を向上・維持するために LAWSの開発がされています。

B　不適切な説明です。CCW締結国では、LAWSの議論が続いている状況です。

C　適切な説明です。アメリカ、中国、ロシアなどがLAWSの運用指針については一致しています。

D　適切な説明です。

問12 正解：C

解説

A　適切な説明です。Partnership on AIは、2016年9月に、Amazon、Google、DeepMind、Facebook、IBM、Microsoftにより設立された非営利団体であり「AI研究におけるベストプラクティスのサポート」「AI研究のオープンなプラットフォームの構築」「AIの理解を深めること」を目的としています。

B　適切な説明です。

C　不適切な説明です。Partnership on AIには様々な企業、大学、研究機関が参加しており、日本からはソニーなども参加しています。

D　適切な説明です。

引用文献／参考文献

■引用文献

●3章

[1] R.Fisher(1912). On the mathematical foundations of theoretical statistics. Mathematical, Physical and Engineering Sciences

[2] Pearl, J.(1985). Bayesian networks: A model of self-activated memory for evidential reasonings. Proceedings of the 7th Conference of the Cognitive Science Society(329-334).

[3] 神嶌敏弘、「推薦システムのアルゴリズム」、https://www.kamishima.net/archive/recsysdoc.pdf

●6章

[1] Lecun, Y., Bottou, L., Bengio, Y., Haffner, P.(1998). Gradient-based learning applied to document recognition. Proceedings of the IEEE, 86(11), 2278-2324.

[2] Krizhevsky, A., Sutskever, I., & Hinton, G. E.(2012). Imagenet classification with deep convolutional neural networks. In Advances in neural information processing systems, 1097-1105.

[3] Radford, A., Metz, L., & Chintala, S.(2015). Unsupervised representation learning with deep convolutional generative adversarial networks. arXiv:1511.06434.

●7章

[1] LeCun, Y., Boser, B., Denker, J. S., Henderson, D., Howard, R. E., Hubbard, W., & Jackel, L. D. "Backpropagation applied to handwritten zip code recognition", Neural computation,1989, 1(4), 541-551

[2] Krizhevsky A, Sutskever I, Hinton GE. "ImageNet classification with deep convolutional neural networks", NeurIPS. 2012. DOI: 10.1145/3065386

[3] Szegedy C, Liu W, Jia Y, Sermanet P, Reed S, Anguelov D, Erhan D, Vanhoucke V, Rabinovich A. "Going Deeper with Convolutions" arXiv. 2014. arXiv: 1409.4842

[4] Simonyan K, Zisserman A "Very deep convolutional networks for large-scale image recognition" ICLR, 2015

[5] Kaiming He, Xiangyu Zhang, Shaoqing Ren, Jian Sun "Deep Residual Learning for Image Recognition", CVPR 2015

[6] Sergey Zagoruyko, Nikos Komodakis "Wide Residual Networks" arXiv. 2016, arXiv:1605.07146v4

[7] Howard, Andrew G., et al. "Mobilenets: Efficient convolutional neural networks for mobile vision applications." arXiv preprint arXiv:1704.04861 (2017).

[8] Sandler, Mark, et al. "Mobilenetv2: Inverted residuals and linear bottlenecks." Proceedings of the IEEE Conference on Computer Vision and Pattern Recognition. 2018.

[9] Howard, Andrew, et al. "Searching for mobilenetv3." arXiv preprint arXiv:1905.02244 (2019).

[10] Jie Hu, Li Shen, Samuel Albanie, Gang Sun, Enhua Wu "Squeeze-and-Excitation Networks", arXiv:2017, arXiv:1709.01507

[11] Barret Zoph, Vijay Vasudevan, Jonathon Shlens, Quoc V. Le," Learning Transferable Architectures for Scalable Image Recognition." arXiv:1707.07012 (2017)

[12] Mingxing Tan,et.al. "MnasNet: Platform-Aware Neural Architecture Search for Mobile" arXiv:1807.11626(2018)

[13] Tan, Mingxing, and Quoc V. Le. "EfficientNet: Rethinking Model Scaling for Convolutional Neural Networks." arXiv preprint arXiv:1905.11946 (2019)

[14] Girshick, R., J. Donahue, T. Darrell, and J. Malik. "Rich Feature Hierarchies for Accurate Object

Detection and Semantic Segmentation." CVPR '14 Proceedings of the 2014 IEEE Conference on Computer Vision and Pattern Recognition. Pages 580-587. 2014

[15] Girshick, Ross. "Fast r-cnn." Proceedings of the IEEE International Conference on Computer Vision. 2015

[16] Ren, Shaoqing, Kaiming He, Ross Girshick, and Jian Sun. "Faster R-CNN: Towards Real-Time Object Detection with Region Proposal Networks." Advances in Neural Information Processing Systems. Vol. 28, 2015.

[17] Kaiming He,Georgia Gkioxari,Piotr Dollar,Ross Girshick(2018) "Mask R-CNN" arXiv:1703.06870v3

[18] Joseph Redmon, Santosh Divvala, Ross Girshick, Ali Farhad(2016) "You Only Look Once:Unified, Real-Time Object Detection", arXiv:1506.02640 [19] Liu, W., Anguelov, D., Erhan, D., Szegedy, C., Reed, S., Fu, C. Y., & Berg, A. C. (2016, October). "Ssd: Single shot multibox detector", In European conference on computer vision (pp. 21-37)

[20] Z. Cao et al., "OpenPose: Realtime Multi-Person 2D Pose Estimation using Part Affinity Fields", IEEE Transactions on Pattern Analysis and Machine Intelligence, 2019

[21] Jonathan Long, Evan Shelhamer, Trevor Darrell, " Fully Convolutional Networks for Semantic Segmentation." CVPR (2015) : pp. 3431-3440

[22] Vijay Badrinarayanan, Alex Kendall, Roberto Cipolla(2016) "SegNet: A Deep Convolutional Encoder-Decoder Architecture for Image Segmentation" arXiv:1511.00561

[23] O. Ronneberger, P. Fischer, and T. Brox(2015) "U-net: Convolutional networks for biomedical image segmentation," in International Conference on Medical image computing and computer-assisted intervention, Springer, pp. 234–241

[24] Fisher Yu, Dequan Wang, Evan Shelhamer, Trevor Darrell(2018) "Deep layer aggregation", arXiv:1707.06484

[25] Hengshuang Zhao, Jianping Shi, Xiaojuan Qi, Xiaogang Wang, Jiaya Jia(2017) "Pyramid Scene Parsing Network" arXiv:1612.01105

[26] Fisher Yu, Vladlen Koltun(2015) " Multi-Scale Context Aggregation by Dilated Convolutions" arXiv:1511.07122

[27] Liang-Chieh Chen, George Papandreou, Iasonas Kokkinos, Kevin Murphy, Alan L. Yuille(2014) " Semantic Image Segmentation with Deep Convolutional Nets and Fully Connected CRFs", arXiv: 1412.7062

[28] Alec Radford, Luke Metz, Soumith Chintala(2015) "Unsupervised Representation Learning with Deep Convolutional Generative Adversarial Networks " arXiv: 1511.06434

[29] Phillip Isola,Jun-Yan Zhu,Tinghui Zhou,Alexei A. Efros "Image-to-Image Translation with Conditional Adversarial Networks" arXiv:1611.07004v3

[30] Jun-Yan Zhu,Taesung Park,Phillip Isola,Alexei A. Efros "Unpaired Image-to-Image Translation using Cycle-Consistent Adversarial Networks" arXiv:1703.10593v7

[31] Matthew E. Peters, Mark Neumann, Mohit Iyyer, Matt Gardner, Christopher Clark, Kenton Lee, Luke Zettlemoyer, "Deep contextualized word representations" arXiv 2018, arXiv: 1802.05365

[32] Yonghui Wu,et.al, "Google's Neural Machine Translation System: Bridging the Gap between Human and Machine Translation" arXiv 2016, arXiv: 1609.08144

[33] Ashish Vaswani, et.al "Attention Is All You Need" arXiv 2017, arXiv: 1706.03762

[34] Jacob Devlin, Ming-Wei Chang, Kenton Lee, Kristina Toutanova," BERT: Pre-training of Deep Bidirectional Transformers for Language Understanding " arXiv 2018, arXiv: 1810.04805

[35] Xiaodong Liu, Pengcheng He, Weizhu Chen, Jianfeng Gao," Multi-Task Deep Neural Networks for Natural Language Understanding" arXiv 2019, arXiv: 1901.11504

[36] Alec Radford, Karthik Narasimhan, Tim Salimans, Ilya Sutskever, "Improving Language Understanding by Generative Pre-Training" 参照URL:https://s3-us-west-2.amazonaws.com/openai-assets/research-covers/language-unsupervised/language_understanding_paper.pdf

[37] Alexey Dosovitskiy, et.al "An Image is Worth 16x16 Words: Transformers for Image Recognition at Scale" arXiv 2020, arXiv: 2010.11929

[38] Volodymyr Mnih,et.al "Playing Atari with Deep Reinforcement Learning", arXiv 2013, arXiv:1312.5602

[39] Hado van Hasselt, Arthur Guez, David Silver、"Deep Reinforcement Learning with Double Q-learning" arXiv 2015, arXiv: 1509.06461
[40] Ziyu Wang et.al. "Dueling Network Architectures for Deep Reinforcement Learning " arXiv 2015, arXiv: 1511.06581
[41] Meire Fortunato, et.al." Noisy Networks for Exploration" arXiv 2017, arXiv: 1706.10295
[42] Matteo Hessel, et.al." Rainbow: Combining Improvements in Deep Reinforcement Learning" arXiv 2017, arXiv 1710.02298
[43] B. Zhou, A. Khosla, A. Lapedriza, A. Oliva and A. Torralba, "Learning Deep Features for Discriminative Localization", 2016 IEEE Conference on Computer Vision and Pattern Recognition (CVPR), Las Vegas, NV, 2016, pp. 2921-2929.
[44] R. R. Selvaraju, M. Cogswell, A. Das, R. Vedantam,D. Parikh, D. Batra, et al., "Grad-cam: Visual explanations from deep networks via gradient-based localization", InICCV, pages 618-626, 2017.

■参考文献

●1章

松尾 豊(2015)『人工知能は人間を超えるか ディープラーニングの先にあるもの』KADOKAWA

●3章

秋庭伸也・杉山阿聖・寺田学(2019)『見て試してわかる機械学習アルゴリズムの仕組み 機械学習図鑑』翔泳社
横内大輔・青木義充(2014)『現場ですぐ使える時系列データ分析』技術評論社

●7〜9章

AI白書編集委員会(2017)『AI白書 2017』KADOKAWA
AI白書編集委員会(2019)『AI白書 2019』KADOKAWA
斎藤康毅(2018)『ゼロから作るディープラーニング 2-自然言語処理編』オライリージャパン
浅川伸一・江間有沙・工藤郁子・巣籠悠輔・瀬谷啓介・松井孝之・松尾豊(2018)
『深層学習教科書 ディープラーニングG検定(ジェネラリスト)公式テキスト』翔泳社
原田達也(2017)『画像認識(機械学習プロフェッショナルシリーズ)』講談社
坪井祐太・海野 裕也・鈴木 潤(2017)
『深層学習による自然言語処理(機械学習プロフェッショナルシリーズ)』講談社
AI白書編集委員会(2022)『AI白書 2022』KADOKAWA
新たな情報財検討委員会報告書(平成29年3月)知的財産戦略本部 検証・評価・企画委員会、新たな情報財検討委員会
AI・データの利用に関する契約ガイドラインの概要(2021年1月)経済産業省 情報経済課
カメラ画像利活用ガイドブック(令和4年3月)ver3.0 IoT推進コンソーシアム 総務省 経済産業省
個人情報保護委員会 Webサイト 匿名加工情報制度について
外務省 Webサイト 自立型致死兵器システム(LAWS)について(令和2年11月4日)
Grad-CAM: Visual Explanations from Deep Newworks via Gradient-based Localization

あとがき

第2版となった本書は、改定されたG検定のシラバスへの対応を意図して企画された。企画の段階から章末問題を増量することが申し合わされ、著者の方々の努力により、相当量の問題が追加された。

本書により、G検定の合格に向かう道筋が見えやすくなったものと思われる。

この分野は進歩が早いため、対応が大変であったが、今後もこの状況は続くと予想される。それだけに本書は、受験者にとって価値あるものとなっていると考えている。

東京女子大学　浅川伸一

索引

あ行

赤池情報量規準（AIC）················ 146
アクチュエータ·························· 288
アダプティブ・ラーニング··········· 296
アダマール積···························· 58
アップサンプリング···················· 234
アテンション···························· 200
アノテーション·························· 134
アフィン変換···························· 59
新たな情報財検討委員会報告書······ 324
アルファスター（AlphaStar）······ 254
アレックスネット······················ 229
アンサンブル学習·················· 80,86
鞍点···································· 168
位置エンコーディング
　（Positional encoding）········ 247
一気通貫学習（End-to-End Learning）
··································· 232
イテレーション数······················ 138
移動平均モデル·························· 91
イプシロン貪欲法（Epsilon-Greedy）
··································· 253
意味解析································ 241
意味ネットワーク······················ 23
医薬品開発の支援······················ 295
イライザ···························· 22,28
イライザ効果···························· 23
因果関係································ 46
因子負荷量······························ 95
インスタンス・セグメンテーション　234
インダストリー4.0 ···················· 287
インタビューシステム·················· 23
インフラ································ 293
ウェブマイニング······················ 23
ウォード法························· 96,97
埋め込みモデル
　（embedding modeles）········ 242
営業秘密情報·························· 325

か行

カーネルトリック······················ 86
カーネル法······························ 86
回帰分析································ 47
回帰問題································ 79
回転···································· 60
過学習·································· 145
係り受け構造·························· 241
学習済みモデル·························· 327
学習率·························· 137,164
拡大・縮小······························ 60
確率···································· 48
確率的勾配降下法（SGD）··········· 166

エキスパートシステム············· 19,23
エッジ·································· 300
エッジAI ······························ 170
エッジコンピューティング··········· 287
エニアック······························ 18
エポック数······························ 138
エルボー法······························ 96
エンコーダ・デコーダモデル········· 245
エンドツーエンド学習·················· 157
エントロピー（不確実性）············· 53
オープン・ソース・ソフトウェア（OSS）
··································· 326
オープンイノベーション··············· 301
オープンデータセット·················· 325
オッカムの剃刀·························· 145
オフライン強化学習···················· 255
おもちゃの問題·························· 28
重み···································· 160
重み共有································ 192
音響特徴量······························ 250
音声合成································ 251
音声認識································ 250
音素···································· 250
オンライン学習·························· 166

確率的最急降下法……………　163,164
確率的潜在意味解析（PLSA）……　244
確率的方策………………………　104
確率分布…………………………　48
確率変数…………………………　48
隠れマルコフモデル（HMM）………　250
荷重減衰…………………………　167
画素（ピクセル）単位 ……………　233
画像キャプション生成……………　236
画像識別器（Discriminator）………　209
画像生成器（Generator）…………　209
画像認識…………………………　229
画像認識よる診断支援……………　295
価値関数…………………………　102
価値ベース………………………　105
活性化関数………………………　160
株価予測…………………………　296
カプセルネットワーク………………　237
カメラ画像利活用ガイドブックver１.０
……………………………………　332
含意関係解析……………………　242
監視カメラ………………………　295
感情解析…………………………　242
完全自動運転……………　290,291
機械学習……………　18,19,24,79
機械翻訳…………………………　245
記号接地問題……………………　29
技術的特異点……………………　30
記述統計学………………………　43
基礎解析…………………………　62
強化学習……………　81,99,100
強化学習のアルゴリズム……………　105
教師あり学習……………………　79,83
教師なし学習……………………　80,93
協調フィルタイング………………　97
行列………………………………　56
行列の演算………………………　57
行列の積…………………………　57
局所結合構造……………………　191
居所最適解………………………　168
句構造……………………………　241

クラウド……………………………　300
クラウドコンピューティング………　287
クラスタリング………………　80,92,96
グリッドサーチ……………………　169
グレースケール化……………　194,238
グローバルアベレージプーリング（GAP）
……………………………………　192
経験再生（ExperienceReplay）…　253
形態素……………………………　241
形態素解析………………………　241
契約形式…………………………　301
決定木……………………………　80,86
決定的方策………………………　104
系列変換モデル（seq２seq）………　245
ゲームAI ………………………　254
限定提供データ…………………　325
交差エントロピー…………………　54
交差エントロピー誤差関数…………　162
交差検証…………………………　142
高速フーリエ変換（FFT）…………　250
行動価値関数……………………　102
恒等関数…………………………　160
勾配降下法（GD）………………　164
勾配消失問題……………………　172
勾配ブースティング………………　80,87
構文解析…………………………　241
公平性、説明責任及び透明性（FAT）335
コーパス…………………………　243
コールドスタート問題…………　98,297
誤差関数………………　139,162,164
誤差逆伝播法……………………　172
個人情報保護……………………　325
コンテンツベースフィルタリング……　98

さ行

再帰型ニューラルネットワーク（RUN）
……………………………………　198
サイクプロジェクト………………　23,29
再現率……………………………　144
最大値プーリング…………………　192
最尤法……………………………　89

サブサンプリング……………………… 192
サポートベクトルマシン……… 80,85
産学連携……………………………… 301
残渣強化学習 (residual reinforcement
　　learning) ……………………… 256
ジェフリー・ヒントン……………… 25
シグモイド関数………………… 84,160
時系列分析…………………………… 90
次元圧縮………………………… 94,202
次元削減……………………………… 80
次元の呪い……………………… 24,255
自己回帰モデル……………………… 91
自己回帰移動平均モデル…………… 91
事後確率……………………………… 48
自己情報量…………………………… 52
自己相関………………………… 90,91
自己相関係数………………………… 90
自己符号化器………………………… 202
システムによる監視………………… 291
自然言語処理 (NLP) ……………… 240
事前準備……………………………… 131
質問応答……………………………… 24
自動運転……………………………… 290
自動車産業…………………………… 289
自動ブレーキ………………………… 290
次分予測 (Next Sentence Prediction)
　　…………………………………… 247
(弱) 定常性 …………………………… 91
重回帰分析…………………………… 47,83
樹形図………………………………… 96
主成分得点 (主成分スコア) ………… 95
主成分負荷量………………………… 95
主成分分析…………………………… 94,203
ジュディア・パール………………… 89
手動運転……………………………… 291
順伝播型ネットワーク……………… 191
照応解析……………………………… 242
条件付き確率………………………… 48
状態価値関数………………………… 102
状態行動価値………………………… 105

状態表現学習 (state representation
　　learning) ……………………… 255
情報利得の最大化…………………… 86
情報理論……………………………… 52
蒸留…………………………………… 196
蒸留モデル…………………………… 327
初期停止……………………………… 168
ジョン・サール……………………… 28
自律型致死兵器システム (LAWS)
　　…………………………………… 337
シルエット法………………………… 96
シンギュラリティ…………………… 30
人工知能……………………………… 17
深層学習…………………… 18,19,25,173
深層強化学習………………… 206,253
深層信念ネットワーク……………… 209
身体性………………………………… 30
シンボルグラウンディング問題……… 29
信用割り当て問題…………………… 172
推移律………………………………… 23
推計統計学…………………………… 43
推論精度……………………………… 300
スキップグラム (Skip-Gram) …… 243
ステークホルダー…………………… 300
ステップ関数………………………… 160
スマート工場………………………… 287
スマート農業………………………… 293
スペクトル包絡……………………… 250
スラック変数………………………… 85
正解率………………………………… 143
生活者のプライバシーへの配慮事項
　　…………………………………… 332
正規化…………………………… 84,167
正答率………………………………… 143
成分負荷量…………………………… 95
制約ボルツマンマシン……………… 209
積層オートエンコーダ……………… 203
積層自己符号化器…………………… 203
セキュリティバイデザイン………… 301
説明可能AI (XAI) ………………… 335
説明性 (Explanation) …………… 336

説明の正確性 (Explanation Accuracy)
··· 336
説明変数·· 83
セマンティック・Web ···················· 24
セマンティック・セグメンテーション
··· 233
セルフアテンション (Self-Attention)
··· 247
線形回帰······························· 80,83
全結合層·· 192
潜在的意味解析 (LSI) ·················· 244
潜在的ディリクレ配分法 (LDA)
·· 98,244
せん断·· 61
相関関係·· 45
相互情報量·· 54
双方向RNN ···································· 199
ソース・ターゲットアテンション
　(Source-Target Attention)··· 247
ソフトマージン·································· 85
ソフトマックス関数·············· 84,160

た行

ターゲットネットワーク
　(Target Network) ············ 253
ダートマス会議····························· 18
第1次AIブーム ··························· 18
第1次ニューロブーム···················· 172
第2次AIブーム ··························· 18
第2次ニューロブーム···················· 172
第3次AIブーム ··························· 19
第3次ニューロブーム···················· 173
第一種の過誤····························· 144
第二種の過誤····························· 144
対数関数····································· 52
代名詞··· 242
多クラス分類···························· 79
多層パーセプトロン···················· 159
畳み込み····································· 192
畳み込みニューラルネットワーク (CNN)

·· 191,229
ダブルDQN ····················· 206,253
単回帰分析······················· 47,83
探索木····························· 18,21
探索的段階型····························· 330
探索と搾取のジレンマ················· 101
単純パーセプトロン··············· 25,160
談話構造解析····························· 242
知識獲得のボトルネック················· 29
知識の限界 (Knowledge Limits)　336
知的財産····································· 323
チャットボット····························· 296
注意機構 (Attention Mechanism) 246
中央値··· 44
中国語の部屋····························· 28
中国製造2025 ····························· 287
チューリングテスト····················· 28
著作権法····································· 324
強いAI ··· 28
ディープニューラルネットワーク······ 25
ディープブルー····························· 22
ディープラーニング················· 18,19
データ拡張 (Data Augmentation)
·· 167,237
データクレンジング··········· 134,241
データサイエンティスト·············· 300
データセット····························· 173
データの種別····························· 134
データの正規化····························· 168
データマイニング················· 24,297
適合率··· 143
敵対的生成ネットワーク (GAN)
·· 209,236
デュエリングネットワーク
　(DuelingNetwork) ··· 206,253
転移学習 (transfer learning)
·· 196,255
デンドログラム····························· 96
トイプロブレム····························· 28
導関数··· 63
統計学··· 43

統計的機械翻訳 (SMT) ……… 25,245
統計的自然言語処理…………………… 25
透明性レポート…………………… 333
道路交通法……………………… 291
東ロボくん………………………… 24
特異値分解 (SVD) ……… 243,244
特性スケーリング………………… 134
特徴表現学習………………… 19,30
特徴量……………………… 19,30
匿名加工情報…………………… 333
トピックモデル…………… 98,244
ドメインランダマイゼーション
　　(domain randomization) … 256
ドライバーによる監視……………… 290
トランスフォーマー
　　(Transformer) ……… 247
ドローン………………………… 293
ドロップアウト………………… 166

な行

ナイーブベイズ分類器………………… 89
内部共変量シフト………………… 167
内部表現…………………… 157
内容 (コンテンツ) ベースフィルタリング
　　……………………… 297
二項分布…………………… 49
二値分類………………………… 79
ニューラル機械翻訳 (NMT)
　　……………… 24,25,245
ニューラル言語モデル……………… 245
ニューラルネットワーク… 80,88,157
人間中心のAI社会原則 ………… 321
ネオコグニトロン………………… 195
ノイジーネットワーク (noisyNetwork)
　　……………… 206,254
ノイズ………………………… 140
ノーフリーランチ定理……………… 30

は行

ハードウェア……………… 174
ハードマージン………………… 85

バイアス…………………… 139,160
ハイパーパラメータ……………… 137
バウンディングボックス (bounding box)
　　……………………… 231
バギング……………………… 86
派生モデル……………… 327
バッチ学習……………………… 164
バッチサイズ……………… 138
バッチ正規化…………………… 167
パディング…………………… 192
幅優先探索………………… 21
パノプティックセグメーション…… 234
バリアンス……………………… 140
バリューセンシティブデザイン…… 301
パルス符号化変調 (PCM) ……… 250
汎化誤差…………………… 139
半教師あり学習………………… 80
バンディットアルゴリズム……… 101
ビジョントランスフォーマー (ViT)
　　……………………… 248
ヒストグラム平均……………… 194
ヒストグラム平坦化……………… 238
ビッグデータ………………… 287
微分……………………… 63
ヒューリスティックな知識………… 21
評価指標………………… 143
標準偏差……………………… 44
ファインチューニング……………… 204
ブースティング……………… 87
ブースティング手法……………… 87
プーリング……………………… 192
フォルマント………………… 250
フォルマント周波数……………… 250
深さ優先探索………………… 21
不確実性 (エントロピー) ……… 54
複製……………………… 327
不正競争防止法……………… 325
不正取引検知………………… 296
物体検出……………… 231
物体セグメンテーション………… 233
プライバシーバイデザイン… 301,333

プラトー 168
プランニング 21
ブルートフォース（力任せ） 22
プルーニング 170
フレームワーク 174
フレーム問題 29
ブロックチェーン 296
分散 44
分散表現（Word Embeddings） 242
文脈解析 242
分類問題 79
平滑化 194,238
平均 43
平均値プーリング 192
平均二乗誤差関数 162
平行移動 59
ベイジアンネットワーク 89
ベイジアンフィルタ 89
ベイジアン学習 80,88
ベイズ最適化 169
ベイズの定理 89
ベクトル 243
ベクトルの演算 56
ベルヌーイ試行 49
ベルヌーイ分布 49
偏微分 64
変分自己符号化器 209
ポアソン分布 50
方策（policy） 104
方策勾配法 106
方策ベース 105,106
報酬成形（RewardShaping） 255
防犯ロボット 295
ホールド・アウト法 142
ボルツマンマシン 209

ま行

マージン 85
マイシン（MYCIN） 23
前処理 131,133
マスク化言語モデル（Masked Language

Model） 247
マルコフ決定過程 101
マルコフ性 90,101
マルチエージェント強化学習 254,288
マルチタスク 232
マルチヘッドアテンション（Multi-Head Attention） 247
マルチモーダル 287
未学習 145
ミニバッチ学習 166
無人走行 291
メル周波数ケプストラム係数（MFCC） 250
目的変数 83
モデル（model） 104
モデルの学習 131,136
モデルの評価 131,141
モデルフリー 106
モデルベース 105,106
モバイルネット 230
モメンタム 169
モラベックのパラドックス 28
モンテカルロ探索木 254
モンテカルロ法 22

や行

有意味性（Meaningful） 336
優先度付き経験再生 253
尤度（ゆうど） 89
尤度関数 84
ユニットニューロン 159
ユニバーサルセンテンスエンコーダー（Universal Sentence Encoder） 247
弱いAI 28

ら行

ライブラリ 238,248
ランダムフォレスト 80,87
リカレントニューラルネットワーク言語モデル（RNNLM） 245

量子化‥‥‥‥‥‥‥‥‥‥‥‥‥‥ 170
倫理的・法的・社会的問題 (ELSI)‥ 337
ルールベース機械翻訳 (RMT) ‥‥‥ 245
レコメンデーション‥‥‥‥‥‥‥‥ 97
レズネット‥‥‥‥‥‥‥‥‥‥‥‥ 230
連続値制御 (Continuous control) 255
ローブナーコンテスト‥‥‥‥‥‥ 28
ロジスティック回帰‥‥‥‥‥‥ 80,84
ロジック・セオリスト‥‥‥‥‥‥ 18
ロボットタクシー‥‥‥‥‥‥‥‥ 291
ロボティクス‥‥‥‥‥‥‥‥‥‥ 287

わ行

ワトソン‥‥‥‥‥‥‥‥‥‥‥‥ 24
割引率γ‥‥‥‥‥‥‥‥‥‥‥‥ 100

アルファベット

A3C (asynchronous
　　advantageActor-Critic) ‥‥‥ 106
Actor-Critic‥‥‥‥‥‥‥‥‥‥ 106
AdaBoost‥‥‥‥‥‥‥‥‥‥‥ 87
AdaBound‥‥‥‥‥‥‥‥‥‥‥ 169
AdaDelta‥‥‥‥‥‥‥‥‥‥‥ 169
AdaGrad‥‥‥‥‥‥‥‥‥‥‥ 169
Adam‥‥‥‥‥‥‥‥‥‥‥‥‥ 169
A-D変換 (Analog-to-Digital
　　Conversion) ‥‥‥‥‥‥‥‥ 250
AI‥‥‥‥‥‥‥‥‥‥‥‥‥‥‥ 16
AI・データの利用に関するガイドライン
　　‥‥‥‥‥‥‥‥‥‥‥‥‥‥ 330
AIC‥‥‥‥‥‥‥‥‥‥‥‥‥‥ 146
AI開発利用原則‥‥‥‥‥‥‥‥ 321
AI効果‥‥‥‥‥‥‥‥‥‥‥‥ 17
AI社会原則‥‥‥‥‥‥‥‥‥‥ 321
AI生成物‥‥‥‥‥‥‥‥‥‥‥ 328
AIのプログラム‥‥‥‥‥‥‥‥ 326
AIプロジェクト‥‥‥‥‥‥‥‥‥ 299
AI-OCR‥‥‥‥‥‥‥‥‥‥‥‥ 296
Alexa‥‥‥‥‥‥‥‥‥‥‥‥‥ 251
AlexNet ‥‥‥‥‥ 26,195,229
Alipay‥‥‥‥‥‥‥‥‥‥‥‥ 297

Alpha Zero‥‥‥‥‥‥‥‥ 22,254
AlphaGo Zero ‥‥‥‥‥‥ 22,254
AlphaGo (アルファ碁)‥‥‥ 22,254
Amazon ‥‥‥‥‥‥‥‥‥‥‥ 26
Amazon Echo‥‥‥‥‥‥‥‥ 251
Amazaon Go ‥‥‥‥‥‥‥‥ 297
AMSBound‥‥‥‥‥‥‥‥‥‥ 169
AMSGrad‥‥‥‥‥‥‥‥‥‥‥ 169
Apple‥‥‥‥‥‥‥‥‥‥‥‥‥ 26
ARIMAモデル‥‥‥‥‥‥‥‥‥ 91
ARMAモデル‥‥‥‥‥‥‥‥‥ 91
ARモデル‥‥‥‥‥‥‥‥‥‥ 91
Atrous Convolution‥‥‥‥‥‥ 235
Backpropagation Through Time
　　(BPTT法) ‥‥‥‥‥‥‥‥‥ 199
BERT (Bidirectional Encoder
Representations from Transformers)
　　‥‥‥‥‥‥‥‥‥‥‥‥ 200,247
Bidirectional RNN (双方向RNN) 199
BOW (bag-of-words) ‥‥‥‥ 241
BPR ‥‥‥‥‥‥‥‥‥‥‥‥‥ 300
BPTT法‥‥‥‥‥‥‥‥‥‥‥ 199
Caffe ‥‥‥‥‥‥‥‥‥ 174,326
Caltech-256 ‥‥‥‥‥‥‥‥ 173
CAM (Class Activation Map) ‥ 258
CBOW (Continuous Bag-of-Words)
　　‥‥‥‥‥‥‥‥‥‥‥‥‥‥ 243
Chainer ‥‥‥‥‥‥‥‥‥‥‥ 174
CIFAR-100‥‥‥‥‥‥‥‥‥ 173
CNN ‥‥‥‥‥‥‥‥ 191,229,253
CNTK ‥‥‥‥‥‥‥‥‥‥‥‥ 174
Connected Industries ‥‥‥‥ 287
Cortana ‥‥‥‥‥‥‥‥‥‥‥ 251
CPU ‥‥‥‥‥‥‥‥‥‥‥‥‥ 174
CRISP-DM ‥‥‥‥‥‥‥‥‥ 299
CTC (Connectionist Temporal
　　Classification) ‥‥‥‥‥‥ 251
CutMix ‥‥‥‥‥‥‥‥‥‥‥‥ 167
Cutout ‥‥‥‥‥‥‥‥‥‥‥ 167
CycleGAN ‥‥‥‥‥‥‥‥‥ 236
Cycプロジェクト ‥‥‥‥‥‥ 23,29

DBPedia ································· 325
DCGAN································ 210
Deep Blue ···························· 22
Deep Learning ······················ 25
DeepDream ························· 236
DeepLab ···························· 235
DeepMind ····················· 22,253
DENDRAL ························· 23
Depthwise Convolution ·········· 194
Depthwise Separable Convolution
 ······································· 194
DevOps ····························· 299
Dilated Convolution ·············· 235
DistBelief ·························· 174
DNN ································ 25
DNN-HMM ························ 251
DQN (Deep Q-Network)
 ························· 106,206,253
EC (Electronic Commerce) ······ 297
EdTech (Education×Technology)
 ······································· 296
EfficientNet ················ 196,231
ELIZA ·························· 22,28
ELMo (Enbeddings from Language
 Models) ······················ 243
ELSI ······························· 337
End-to-End ························ 232
ENIAC ······························ 18
Facebook···························· 26
Faster R-CNN ····················· 232
FastText ··························· 243
FAT ································ 335
FCN (Fully Convolutional Networks)
 ······································· 234
FFT (Fast Fourier Transform) ··· 250
Fintech ···························· 296
FPN (Feature Pyramid Networks)
 ······································· 235
F値 ································· 144
GAN (Generative Adversarial
 Network) ··················· 209,236

GAP ························· 192,230
GD ································ 164
GDPR (General Data Protection
 Regulation) ·················· 334

Global Average Pooling (GAP)
 ······································· 230
GLUE (General Language
 Understanding Evaluation) ··· 248
GMM-HMM ························ 250
GNMT (Google Neural Machine
 Translatiuon) ················· 246
Google ····························· 26
Google Duplex ··················· 251
GoogleHome ····················· 251
GoogLeNet····················· 195,230
GPGPU (General-purpose computing
 on graphics processing units)
 ······································· 248
GPT (Generative Pre-Training)
 ······································· 247
GPU ································ 174
GPU汎用計算 (GPGPU) ········· 248
grad-CAM ····················· 259,336
GRU ······························· 199
Guided Grad-CAM ·············· 336
has-a (含まれる) の関係 ············· 23
HMM (Hidden Markov Model) ··· 250
ILSVRC····························· 25,229
ILSVRC2012 ····················· 173
ImageNet ············ 25,173,325
inceptionモジュール············· 230
Industrial Internet ·············· 287
Industry4.0 ······················ 287
IoT (Internet of Things) ··· 287,293
is-a (である) の関係 ················· 23
k近傍法 ····························· 92
Kaggle ····························· 26
Keras ························· 174,326
KLダイバージェンス ················ 162
k-Means法 ···················· 92,96

K-NearestNeighbor ····················· 92
k-NN法 ····························· 80,92
k-分割交差検証················ 142,143
k近傍法 ······························· 80
K-平均法 ·························· 92,96
L0正則化 ························· 167
L1正則化 ························· 167
L2正則化 ························· 167
LDA (Latent Dirichlet Allocation)
··································· 98,244
Leaky ReLU ····················· 161
LeNet ····················· 195,229
Lesso回帰 ························· 167
LibriSpeech ····················· 325
LIME (local interpretable model-
      agnostic explanations) ······ 258
log ································· 52
LSA (Latent Sematic Analysis) 244
LSI (Latent Semantic Index) ··· 244
LSTM ····························· 199
MAモデル····························· 91
Machine Learning ··············· 24
Mask R-CNN ············· 232,234
Matplotlib ························· 326
Maxプーリング ··················· 194
Maxout··························· 161
Method of maximum likelihood ··· 89
MFCC (Mel-Frequency Cepstrum
      Coefficient)···················· 250
Microsoft···························· 26
Min-Max法 ························· 22
Mixup ····························· 167
MLOps ····························· 299
MnasNet ························· 196
MNIST ····························· 173
MobileNets················ 194,230
MS COCO ························· 325
MT-DNN (Multi-Task Deep Neural
      Networks) ···················· 247
MYCIN ····························· 23
NAS ······················· 196,231

NASNet ····················· 196,231
Neural Architecture Search (NAS)
··································· 196,231
n-gram ····························· 245
NLP (Natural Language Processing)
····································· 240
NMT (Neural Machine Translation)
···························· 25,245
NumPy ····························· 326
Open Pose ························· 233
OpenAI Five ····················· 254
Over Fitting ····················· 145
pandas ····························· 326
part-of (一部である) の関係 ··· 23
Parts Affinity Fileds ··········· 233
PascalVOC························· 325
PCA ································· 94
PCM (Palse Code Modulation) 250
Pix2Pix ····················· 236
PLSA (Probabilistic Latent Semantic
      Analysis) ···················· 244
PoC ································· 300
Pointwise Convolution ··········· 194
PSPNet ····························· 235
Pythonライブラリ ··················· 326
PyTorch ················ 174,326
Q学習································· 105
Question-Answering ··············· 24
Rainbow ····················· 206,254
Random Erasing ··················· 167
R-CNN (Regions with CNN) ··· 232
REINFORCE ····················· 106
ReLU································· 161
Residual Block ····················· 230
ResNet (Residual Network)
····················· 26,195,230
Ridge回帰 ························· 167
RMSprop ························· 169
RMT (Rule Based Machine
      Translation) ···················· 245
RNN Encoder-Decoder ··· 199,200

RNNLM (Recurrent Neural Network
　　Langeuage Model) ············ 245
RPA ················· 296
RUN ················ 198
SAE J3016 ············· 290
scikit-learn ············ 326
SciPy··············· 326
SegNet··············· 234
Semantic Network ············ 23
SENet ·············· 231
seq2seq (Sequence-to-
　　Seqauensce)··············· 245
SHAP (SHapley Additiveex
　　Planations)·············· 258
SHRDLU ··············· 21
sim2real ·············· 256
Siri ··············· 251
skip connection ············ 230
SMT (Statistical Machine
　　Translation) ············· 25,245
Society5.0 ············ 287,296
SQuAD ············· 200,325
squash関数··············· 237
SSD (Single Shot MultiBox
　　Detector) ·············· 232
STRIPS (Stanford Research Institute
　　Problem Solver) ············ 21
SVD (Singular Value Decomposition)
　　··············· 243
tanh関数 ············· 160
TensorFlow·············· 174,326
TensorFlow Hub ············ 247
TF-IDF ·············· 241
TPU ··············· 174
t-SNE法 ·············· 95
Uber ·············· 291
UCB方策 ·············· 102
Under Fitting ············ 145
U-net ················ 235
VAE (Variational AutoEncoder) 209
Variety ··············· 287

Velocity ·············· 287
VGG16 ·············· 195
VGGNet ·············· 230
ViT (Vision Transformer) ······· 248
Volume··············· 287
Watson················· 24,296
WaveNet ·············· 251
Waymo (ウェイモ) ············ 291
WebAPI ·············· 300
Wechat pay ············ 297
Wide ResNet ············ 230
Word2Vec ············ 243
WrodNet ·············· 325
XAI (ExplanableAI) ······· 258,335
Xavierの初期値 ············ 170
YOLO (You Only Look Once) ··· 232
Youtube-8M ············ 173

数字
1変数関数················ 63
2変数関数················ 64

記号
$\alpha\beta$法··············· 22
ε-greedy方策 ·············· 102

著者プロフィール

●山下長義（やました　ながよし）
5,6章を担当

【略歴】
大阪大学大学院にて博士号（情報科学）を取得後、データマイニングエンジニアとしてWebサービスの研究開発に従事。人工知能・機械学習に関するセミナーなどの講師も行う。また、人工知能を新規ビジネスに生かしたいという思いから、グロービス経営大学院を修了（経営学修士）した。

●山本良太（やまもと　りょうた）
7章を担当

【略歴】
東大工学部卒、同大学院修了（工学修士）。グロービス経営大学院修了（MBA）。G検定（2018#2）、E資格（2022#1）。半導体エンジニア、専門商社の新規事業立ち上げを経て、現在はAIをはじめとしたテクノロジ活用のコンサルティングに従事。

●松本敬裕（まつもと　よしひろ）
2,3,4章を担当

【略歴】
関西学院大学理工学部卒業、グロービス経営大学院修了（経営学修士）、東京大学Deep Learning 基礎講座修了。大手IT企業を経て、株式会社エイスターにてシステムコンサルティングに従事。

●伊達貴徳（だて　たかのり）
8章を担当

【略歴】
東京工業大学大学院修了（工学修士）、グロービス経営大学院修了（経営学修士）。東証一部上場電機メーカー、外資系コンサルティングファームを経て、FAS系コンサルティングファームにてスタートアップ支援業務に従事。AIおよび機械学習に関するセミナーの講師も行う。

●横山慶一（よこやま　けいいち）
3,9章を担当

【略歴】
明治大学政経学部卒業。グロービス経営大学院卒。大手IT企業、外資系コンサルティングファーム、外資系大手製薬企業を経て、現在、株式会社 Ridge-iにて人工知能に特化したコンサルティングに従事。

●杉原洋輔（すぎはら　ようすけ）
1章を担当

【略歴】
京都大学工学部卒業。グロービス経営大学院修了（経営学修士）。外資系コンサルティングファーム、データ分析ベンチャー、深層学習のエッジデバイス実装に特化したベンチャーなどを経て、現在は顔認証技術のサービス化を目指す企業にてビジネス開発に従事。

校閲者プロフィール

●遠藤太一郎（えんどう　たいちろう）

【略歴】

東京学芸大学教育AI研究プログラム准教授。株式会社カナメプロジェクト取締役CEO。理化学研究所AIP客員研究員。AI歴25年。数百のAI/データ活用/DXプロジェクト経験。AIスタートアップのエクサウィザーズには創業期から参画し、AI部門を統括。上場後、独立。

●西野剛平（にしの こうへい）

【略歴】

株式会社ディー・エヌ・エーにて、本格戦国RPGゲームのリードエンジニア、人物認識や動作認識などのAI研究開発を経て、現在は株式会社Ridge-iで執行役員CTOとして、開発品質の改善や生産性向上のための横断的施策に従事。

監修者プロフィール

●浅川伸一（あさかわ　しんいち）

【略歴】

早稲田大学第一文学部卒業、同大学大学院博士課程修了、博士（文学）。

現在、東京女子大学情報処理センター勤務。日本ディープラーニング協会有識者会員。

『深層学習教科書ディープラーニングG検定（ジェネラリスト）公式テキスト』（翔泳社）の著者でもある。

【イラスト】
・キタ大介／田中ヒデノリ

これ1冊で最短合格
ディープラーニング
G検定ジェネラリスト
要点整理テキスト&問題集 第2版

発行日	2022年11月1日　　　　　第1版第1刷
監　　修	浅川伸一
技術校閲	遠藤太一郎／西野剛平
著　　者	山下長義／伊達貴徳／山本良太／
	横山慶一／松本敬裕／杉原洋輔

発 行 者	斉藤　和邦
発 行 所	株式会社　秀和システム
	〒135-0016
	東京都江東区東陽2-4-2　新宮ビル2F
	Tel 03-6264-3105（販売）Fax 03-6264-3094
印 刷 所	三松堂印刷株式会社　　Printed in Japan

ISBN978-4-7980-6777-3 C3050